Die 100 besten Guerilla-Marketing-Ideen

Kleine und mittlere Firmen müssen mit besonderen Mitteln agieren, um gegen die großen Konkurrenten zu bestehen. Jay Conrad Levinson hat in diesem Buch die 100 besten Ideen des Guerilla-Marketing zusammengestellt, mit deren Hilfe kleine und mittlere Unternehmen ein effektives Marketing machen können. Levinson ist der Erfinder des Guerilla-Ansatzes, seine Bücher zum Guerilla-Marketing wurden zu Bestsellern.

Jay Conrad Levinson ist Unternehmensberater und Autor der Erfolgsbücher zum Thema »Guerilla-Marketing«. Vor der Gründung seines eigenen Unternehmens war Levinson Vizepräsident und Kreativdirektor bei verschiedenen Werbeagenturen.

Jay Conrad Levinson

Die 100 besten Guerilla-Marketing-Ideen

Aus dem Englischen von Ines Bergfort

Campus Verlag
Frankfurt/New York

Die Originalausgabe erschien 1999 unter dem Titel »Mastering Guerilla Marketing«
bei der Houghton Mifflin Company.

Bibliografische Information der Deutschen Nationalbibliothek:
Die Deutsche Nationalbibliothek verzeichnet diese Publikation in der
Deutschen Nationalbibliografie. Detaillierte bibliografische Daten
sind im Internet über http://dnb.d-nb.de abrufbar.
ISBN 13: 978-3-593-38170-1
ISBN 10: 3-593-38170-2

Umschlaggestaltung: Init GmbH, Bielefeld
Satz: Leingärtner, Nabburg
Druck und Bindung: Druckhaus »Thomas Müntzer«, Bad Langensalza
Gedruckt auf säurefreiem und chlorfrei gebleichtem Papier.
Printed in Germany

Besuchen Sie uns im Internet: www.campus.de

Inhalt

Guerilla-Marketing – eine Zwischenbilanz

Viele kleine Unternehmen werden von Menschen geführt, die nichts vom Marketing verstehen – und das auch gar nicht wollen. Andere werden von Menschen geführt, die etwas über Marketing erfahren und dessen Prinzipien in die Praxis umsetzen wollen. Wieder andere Unternehmen werden von Marketing-Guerillas geführt – also Menschen, die aus ihren Marketinginvestitionen wirklich etwas machen wollen. Weil diese Guerillas ihre Marketingaktivitäten ernst nehmen und sich der verblüffenden Wirkung einzelner Aktionen bewusst sind, möchte ich ihnen die erforderlichen Einsichten vermitteln, um den Marketingprozess zu beherrschen. Viele Unternehmer hadern mit ihren Marketingplänen, statt sich an ihrer Macht zu begeistern, und bleiben dann auf der Strecke, nur weil es ihnen an dem erforderlichen Wissen mangelt, um ihre Marketingpläne erfolgreich zu gestalten und umzusetzen. Diesen Unternehmern möchte ich helfen, den Guerilla-Marketingprozess zu beherrschen.

Vieles von dem, was ich in meinen Marketingpräsentationen erzähle, ist neu – so neu, dass es niemals auf den Seiten irgendeines meiner Bücher landen wird. Wertvolles Wissen über die Kunst des Marketings geht so verloren, egal, wie wichtig es ist. Für dieses Buch ist es wieder aus der Versenkung geholt worden. In früheren Büchern habe ich mich bemüht, Unternehmern einen Eindruck vom Marketing zu verschaffen, ihnen eine klare Vorstellung davon zu geben, was es erreichen kann und was nicht, wie man es nutzt, statt es zu missbrauchen, wie man realistisch einschätzen kann, was die unterschiedlichen Medien für sie erreichen können. In diesem Buch möchte ich Unternehmern die Informationen geben, die sie benötigen, um den Prozess wirklich zu beherrschen, und darstellen, wie sie diese Fähigkeit nutzen können, um die Gewinne zu machen, die sie verdient haben – umfangreich und nachhaltig.

Ich kenne niemanden, der schneller Maschine schreibt als ich. Aber Marketing verändert sich schneller, als ich Maschine schreiben kann. Jeden Tag lerne ich Marketingtaktiken und -praktiken kennen, die über den Erfolg oder das Scheitern der Guerillas entscheiden, und diese Seiten strotzen nur so von derzeit brandaktuellem Marketingwissen. Und weil Marketing sich auch in Zukunft ständig verändern wird, weil seine Natur es ihm so vorgibt, kann dieses Buch nur die wesentlichen Aspekte des Marketings für einen flüchtigen Moment festhalten. Die Informationen, die Sie auf diesen Seiten finden, werden nach einer Weile überholt sein; die Erkenntnisse über erfolgreiches Guerilla-Marketing wurden nach ihrer Zeitlosigkeit ausgewählt. Die meisten werden noch im Jahr 2100 Gültigkeit haben.

Statt eine große Bandbreite an Marketingthemen abzudecken – und die Bandbreite ist unendlich – vertieft sich dieses Buch in die elf wichtigsten Bereiche des Marketings: die Planung, das Instrumentarium, die Medien, das Online-Marketing, das Direct-Response-Marketing, die Menschen, die Einstellungen, die Technologie, die Wirtschaftlichkeit, die Kreativität und das Handeln. Guerillas sollten in diesen Bereichen die volle Leistungsfähigkeit zeigen können.

Aufgrund der vielen Variablen im Marketing und der rasanten Veränderungen auf dem Markt ist Planung wichtiger als jemals zuvor. Nur Unternehmen mit klar formulierten Zielen und Plänen werden in der Lage sein, die Zukunft zu bestehen. Die Instrumente des Marketings haben eine dramatische Veränderung erlebt – Technologien wie Mobiltelefone, Pager, Laptops, PDAs (PDA: Computer in der Größe eines Palmtops, der für Notizen, Zeitplanung oder Adressverwaltung, zunehmend auch für Datenfernübertragungen genutzt und dessen Software nicht ausgetauscht werden kann) sowie Computernetzwerke waren noch Lichtjahre entfernt, als ich die ersten Guerilla-Marketing-Bücher schrieb. Heute gibt es mehr Instrumente als je zuvor, und es gibt ein neues elektronisches Schlachtfeld, auf dem diese Waffen mit absoluter Genauigkeit abgefeuert werden müssen. Nur wer über das erforderliche Wissen verfügt, wird auch ins Schwarze treffen.

Die Medien, die Guerillas heute zur Verfügung stehen, sind stärker aufgesplittert als früher, und sie werden in noch kleinere Einheiten zerfallen – eine gute Neuigkeit für Guerillas, die dem Massenmarketing schon immer das gezielte, exklusive Marketing vorgezogen haben. Es gibt eine große Bandbreite an Instrumenten, die für ein Guerilla-Arsenal zur Verfügung stehen, und Online-Marketing spielt in diesem Arsenal heute eine außerordentlich wichtige Rolle. Online-Marketing bedeutet jedoch mehr als nur online zu sein und eine Homepage zu haben. Brandaktuelle Fakten in diesem Buch sollen kleinen Unternehmen verdeutlichen, wie sie auch den größten Konkurrenten im Cyberspace haushoch überlegen sein können. Meine letzten drei Bücher hatten das Online-Marketing zum Thema, und hier finden Sie noch viele weitere Erkenntnisse, die Sie mit dem neuen Marketingbereich vertraut machen.

Direct-Response-Marketing beschreibt die Richtung, in die Marketing und Handel sich bewegen. Statt vage Botschaften in den Raum zu werfen, in dem ein nur unzulänglich bekanntes Publikum sitzt, flüstern die Marketingexperten genau die richtigen Wörter in genau die richtigen Ohren und rufen damit genau die Reaktion hervor, die sie wünschen. Diese Guerillas haben verstanden, dass Interaktivität das Herz des Direct-Response-Marketings ist und dass das Internet das beste Direct-Response-Medium in der Geschichte der freien Wirtschaft darstellt. Es ist kaum vorstellbar, dass das World Wide Web noch nicht existierte, als das erste Guerilla-Marketingbuch geschrieben wurde. Wenn Sie glauben, dass Guerilla-Marketing offline erfolgreich ist, dann sehen Sie sich mal an, was online möglich ist!

Es ist schwierig, Marketingtechniken zu beherrschen, ohne zu verstehen, wie sich die Menschen zum Marketing und wie sich das Marketing zu den Menschen verhält. Erkenntnisse über das menschliche Verhalten sind für Marketing-Guerillas Pflicht. Die Menschen schätzen ihre Zeit heute mehr als je zuvor und werden gleichzeitig immer häufiger von aufdringlichen Marketingstrategien abgelenkt. Sie können das Problem umschiffen, aber wenn Sie nicht in einer Sackgasse enden wollen, müssen Sie wissen, wie Menschen über das Marketing denken.

Unerwartete Hindernisse werden sich auf Ihrem Weg auftun, aber Guerillas überwinden derartige Hindernisse mit Gelassenheit, weil sie über die Einstellung von Gewinnern verfügen. Oft werden sie mit ihr geboren, meistens aber müssen sie sie entwickeln, sie schärfen, sie innerhalb ihrer Unternehmen verbreiten. Diese Verhaltensmuster zu untersuchen ist der Beginn des Marketings – im Kopf des Verkäufers.

Wenn Sie über technologisches Wissen verfügen, dann haben Sie einen Röntgenblick für die Potenziale Ihres Unternehmens. Mit Hilfe modernster Technologie ist Ihr Unternehmen in der Lage, mehr zu tun, mehr Kunden zufrieden zu stellen, mehr Gewinn zu erwirtschaften und Sie schneller ans Ende Ihres Regenbogens zu bringen. Auch wenn die Technik sich ständig verändert, so können Sie doch mit ihrer Hilfe eine neue Perspektive einnehmen und aus dieser unveränderliche Einsichten gewinnen.

Guerillas sind in der Lage, wirtschaftlich zu handeln, weil sie die Kunst beherrschen, kein Geld zu verschwenden. Viele Unternehmer müssen in ihren Marketingplänen nur geringfügige Änderungen vornehmen, um aus den roten in die schwarzen Zahlen zu gelangen. Und so sollen einige der Erkenntnisse Sie darin unterstützen, das zu erreichen, was ein geborener Guerilla instinktiv beherrscht – sparsam zu sein, ohne sparsam zu erscheinen.

Etwas über Kreativität zu wissen ist heute wichtiger als je zuvor – schon allein, weil viele kreative Ideen für Marketingaktivitäten fehlgeschlagen sind, eine falsche Richtung vorgaben, aber von einer Vielzahl von Marketinglemmingen imitiert wurden, die auf dem Fuße folgten und sich in das Meer verschwendeter Marketinginvestitionen stürzten. In meinen früheren Guerilla-Büchern habe ich nicht mit weisen Ratschlägen gespart, um die vorhandene Marketingkreativität umfassend auszuschöpfen, aber ich stelle täglich fest – im Fernsehen, in den Tageszeitungen, auf Plakaten, online und in Zeitschriften –, dass weiteres Wissen dringend erforderlich ist – und zwar schnell.

Sie können über alle Weisheit der Welt verfügen und trotzdem mit Ihrem Unternehmen scheitern, wenn Sie Ihr Marketing nicht in die Tat umsetzen, wenn Sie nicht all Ihr Wissen mit Energie zu nutzen versuchen. Wissen führt zum Handeln, Handeln führt zu

Gewinnen. Deutlich genug? Wenn Sie über das ausreichende Wissen verfügen, können Sie den Prozess beherrschen und dafür sorgen, dass er für Sie doppelt so viel hervorbringt wie früher und zehnmal so viel wie für Ihre Konkurrenten.

Ich schrieb meine ersten Guerilla-Marketing-Bücher, um die Inhaber kleiner Unternehmen vom Marketingdunst ins Marketinglicht zu führen. Die nächsten Bücher schrieb ich, um ihnen zu herausragenden Fähigkeiten im Marketing zu verhelfen. Mit diesem Buch sollen sowohl das Guerilla-Marketing als auch die Guerillas selbst ein höheres Niveau erreichen und einen scheinbar komplexen Prozess beherrschen lernen. Dieser Prozess unterliegt Veränderungen, die heute umfangreicher sind als jemals zuvor in der Geschichte. Die Verbreitung des Marketings in allen erdenklichen Bereichen hat die Effektivität der Disziplin insgesamt beeinträchtigt und die Kunden gleichzeitig weiser und skeptischer gemacht: Sie sind sich ihrer kostbaren Zeit bewusster und schirmen sich mehr ab.

Weil die Welt sich online fast so schnell bewegt, wie sie sich im All dreht, spielt das Internet in der Wirtschaft und im Privatleben eine zunehmend wichtige Rolle und zwingt das Marketing, immer interaktiver zu werden. Und das ist nur der Anfang.

Wenn Sie online sind, garantiert Ihnen das nicht automatisch, dass Sie über Fähigkeiten im Online-Marketing verfügen. Aber zu wissen, wie Sie den Marketingprozess beherrschen, ist von unschätzbarem Wert, wenn Sie auf dem Markt der Zukunft, der die Welt des Handels von heute ablösen wird, im Wettbewerb bestehen wollen. Wenn Sie über keinerlei Marketingfähigkeiten verfügen, wird es Ihnen fast unmöglich sein, das Online-Marketing zu beherrschen.

Dieses Buch füllt Ihre Wissenslücken im Bereich des Marketings und trägt mit seinen Informationen dazu bei, dass sich der Marketingwissensschatz insgesamt vergrößert. Es greift auf Informationen aus früheren Guerilla-Büchern zurück, liefert aber darüber hinaus Erkenntnisse, die in keinem dieser Bücher enthalten sind.

So habe ich in keinem der vorangegangenen Bücher eine Beobachtung enthüllt, die zwar offensichtlich ist, aber bislang übersehen wurde: das Wesen des Guerilla-Marketings ist das Handeln, sein Versprechen ist die Geschwindigkeit, seine aussichtsreichsten Möglichkeiten liegen in der Interaktivität. Aus diesen drei Faktoren Kapital zu schlagen ist der einzige Weg, um von dem Wohlstand der freigiebigen Online-Gemeinschaft zu profitieren. Wenn 1998 1,92 Milliarden US-Dollar für Internetwerbung ausgegeben wurden, dann wird ja wohl irgendjemand etwas darüber wissen. Warum sollten nicht Sie derjenige sein?

So viele neue und aufregende Marketinginformationen rasen die Datenautobahn entlang, dass es schwer ist, Sinnvolles von Unsinnigem zu unterscheiden. Das Sinnvolle finden Sie in diesem Buch. Es wird Ihnen helfen, die Ziele zu erreichen, die Sie sich gesteckt haben, indem Sie Ihre Fähigkeiten einsetzen, die Marketingfunktion niederzuringen und zu unterwerfen, unter Ihre Kontrolle und in die richtige Richtung zu bringen, und die Befriedigung zu genießen, die nur ein wirklicher Meister empfindet. Sobald Sie den Prozess des Guerilla-Marketings beherrschen, gibt es für das, was Sie damit erreichen können, keine Grenzen.

Kapitel Eins

Das Marketing meisterhaft beherrschen

Wenn Sie über all das Geld verfügen könnten, das jedes Jahr für Marketingmaßnahmen verschwendet wird, wären Sie reicher als Bill Gates und Warren Buffet zusammen. Sie hätten ausgesorgt. Ihnen wäre ein regelmäßiges Einkommen bis in alle Ewigkeit sicher. Und Ihre Einnahmen würden Jahr für Jahr steigen, weil jährlich mehr Geld für Marketingaktivitäten verschwendet als investiert wird.

Ein erschreckender Teil dieser Mittel könnte gespart oder für wohltätige Zwecke verwendet werden. Es besteht keine Chance, dass sie sich amortisieren. Sie werden in den Wind geschrieben, weil die Verantwortlichen für solche Investitionsentscheidungen nicht genau wissen, was Marketing erreichen kann und was nicht.

Sie kennen den Text, aber nicht die Melodie. Sie sind mit der Materie vertraut, doch die Umsetzung ist mangelhaft.

Und so werfen sie ihr Marketingbudget sinnlos zum Fenster hinaus, verschwenden es, weil sie sich falsche Hoffnungen machen. In vielen Fällen sind sie verloren, ehe sie begonnen haben, weil sie in die falsche Richtung vorstoßen, weil sie nicht über die passende Munition verfügen und keine Taktik haben. Das Geld, das sie verschwenden, stammt direkt aus ihren Gewinnen. Sie mögen dieses Geld mit Aktivitäten verdient haben, die qualitativ hochwertig sind, aber weil ihr Marketing nicht gut ist, war auch diese Arbeit vergebens.

Eines der Erfolgsgeheimnisse in der Wirtschaft ist es, die Qualität der angebotenen Produkte sicherzustellen. Ein anderes Erfolgsgeheimnis lautet, dass herausragende Leistungen weniger das Ziel als vielmehr der Weg sind. Wieder ein anderes ist es, mit der Abgebrühtheit und Aggressivität eines Guerillakämpfers vorzugehen. Die meisten Unternehmen – von Neugründungen und winzigen Firmen bis hin zu etablierten riesigen Konzernen – nehmen weder das erste noch das zweite Erfolgsgeheimnis ernst und fallen schließlich mit dem dritten auf die Nase.

Und deshalb gibt es dieses Buch.

Ich habe es geschrieben, um Regeln darzustellen, die die meisten Unternehmer nicht kennen. Ich habe es geschrieben, um die Wissenslücken vieler Unternehmer aufzufüllen, die im Bereich des

Marketings existieren. Ich habe es geschrieben, damit Sie Ihre Gewinne steigern können, weil ich Tag für Tag Zeuge besorgniserregend schlechter Marketingaktivitäten in Zeitungen und Zeitschriften, in meinem Briefkasten, im Radio und Fernsehen, im Internet, auf Platkatwänden und Schildern und am Telefon werde. Und weil ich weiß, wie viel Geld verschwendet wird, weil es den Verantwortlichen an Wissen mangelt.

Marketing-Guerillas wissen, dass es vorteilhaft ist, über Wissen zu verfügen und vorausschauend zu handeln; beide Aspekte sind, wenn auch von Grund auf verschieden, so doch gleichermaßen wertvoll. Ein altes chinesisches Sprichwort mahnt: »Wer weitsichtig ist, ist gesegnet, wer aber weise ist, ist tausendfach gesegnet.«

Dies ist ein Buch über Marketingwissen. Sie würden es nicht wagen, einen Berg zu besteigen, ohne etwas über das Bergsteigen zu wissen. Sie würden niemals ins Wasser springen, ohne vorher schwimmen gelernt zu haben. Eine Marketingstrategie ist nicht etwas, was Sie sich nebenbei aus dem Ärmel schütteln – Sie müssen sie vielmehr von Beginn an festgelegt haben, oder Sie riskieren fürchterliche Konsequenzen. Und dennoch sind viele, die für die Marketingaktivitäten eines Unternehmens Verantwortung tragen, völlig ahnungslos, wenn sie beginnen. Sie fangen an, ohne recht zu wissen, was sie tun.

Erst wenn Sie tatsächlich über Marketingkenntnisse verfügen, sollten Sie beginnen, Marketingaktivitäten zu entfalten. Bis dahin sollten Sie sich zurückhalten oder aber das Schlimmste erwarten. Wenn Sie dieses Buch gelesen haben, werden Sie über diese Kenntnisse verfügen. Sie werden wissen, wie Sie hohe Berge besteigen können. Sie werden wissen, wie Sie sich in haiverseuchten Gewässern verhalten müssen. Und Ihre Gewinne werden dieses Wissen widerspiegeln.

Je besser Sie die Prinzipien des Marketings verstehen und in der Lage sind, den Prozess zu handhaben, desto höher werden Ihre Gewinne sein. Diese Erkenntnis über Gewinne müssen Sie verinnerlichen. Je mehr Sie darüber wissen, was Sie mit Marketingaktivitäten erreichen können und was nicht, desto erfreulicher wird das Ergebnis Ihrer Gewinn- und Verlustrechnung aussehen. Das ist der augenfälligste Vorteil, wenn Sie den Marketingprozess beherrschen.

Die Freude an der Arbeit, die Zufriedenheit, an der Spitze zu stehen, ein relativ stressfreies Leben – besonders in der Marketingarena – zu führen; das sind die weniger augenfälligen, aber keinesfalls weniger wichtigen Vorzüge des Guerilla-Marketings.

Wenn Sie alles kennen, was Sie für die Planung und Herstellung eines Prospektes benötigen, aber nicht wissen, wie Sie diesen verbreiten können oder wie Sie ihn mit anderen Elementen Ihres Marketingprogramms verbinden können – oder wenn Sie sogar zu glauben wagen, Sie könnten ausschließlich mit diesem Prospekt für Ihr Unternehmen werben –, dann sind Sie in einer wahrhaftig bedauernswerten Situation. Ihr Unternehmen wird mit diesem Prospekt mehr verlieren als gewinnen. Guerillas wissen, dass ein Job, der zur 99-prozentigen Zufriedenheit erfüllt wird, insgesamt nur die Note mangelhaft verdient – und Marketing ist einfach zu teuer für derartige Experimente. Guerillas wissen, was es bedeutet, ein Projekt gleich beim ersten Mal erfolgreich abzuschließen – oder noch einmal von vorn beginnen zu müssen.

Die meisten Marketingaktivitäten werden heute nur mangelhaft durchgeführt. Sie sehen viel besser aus, als sie tatsächlich sind. Marketing orientiert sich heute mehr an Auszeichnungen als an Umsätzen, mehr an Traditionen als an der Realität, mehr an den Bedürfnissen der Werbeindustrie als an den Interessen der Auftraggeber. Gefragt ist, was hip ist, nicht, was angemessen wäre; Amüsement und Effekthascherei stehen im Vordergrund, was zählt, sind Rummel und Raffinesse, nicht die Gewinne … und natürlich erreichen die Aktivitäten ihr Ziel, sie machen Spaß und erregen Aufmerksamkeit, sie wirken raffiniert, verfehlen jedoch das eigentliche Ziel höherer Gewinne voll und ganz.

Marketingkampagnen sollen in der Regel helfen, die Gewinne zu steigern, werden aber kurz vor dem Erreichen des Ziels abrupt abgebrochen. Ein ausgezeichnetes Mailing ohne entsprechende Nachfolgeativitäten verfehlt sein Ziel. Ein Telefonmarketing ohne begleitende Anzeigenkampagne oder zusätzliche Mailings verfehlt sein Ziel. Eine Werbeanzeige, die sich nicht exakt in andere Marketingaktivitäten einfügt, verfehlt ihr Ziel. Und jegliche Marketingbestrebungen, die ohne Angriffspläne in die Wege geleitet werden, verfehlen ihr Ziel, noch bevor sie eine Chance hatten, in Fahrt zu kommen.

In der Fernsehwerbung finden wir manchmal die brillantesten, aufregendsten, stimulierendsten und faszinierendsten Minifilme, die wir je gesehen haben. Als solche sind sie es wirklich wert, gesehen zu werden. Als Werbefilme jedoch, die sie ja eigentlich sein sollen, versagen sie kläglich. Sie konzentrieren sich auf alles andere als das Produkt, das in vielen Fällen erst ganz zum Schluss überhaupt erwähnt wird. Dieser Mangel an Einsicht ist den geistlosen Zeitgenossen zuzuschreiben, die sich der Unterhaltung, den Special Effects, dem Humor und der Popularität verschrieben haben, und nicht denen, die sich auf Gewinne, Umsätze, Motivation und Beziehungen konzentrieren.

Wenn Menschen mit Ihrem Marketing in Berührung kommen, sollen sie sagen: »Wow! Das Produkt will ich haben!« Sie sollen nicht sagen: »Wow! Was für ein großartiger Film!«

Ein Dozent der Harvard Business School sagt, es gebe vier Zeitalter globaler Wirtschaftsaktivitäten. Er nannte als Erstes das Agrarzeitalter, das zweite sei das Industriezeitalter, das dritte das Informationszeitalter und das vierte, das soeben begonnen habe, sei das Zeitalter der Kreativität. Ist das wahr? Wo ist der Beweis? Im Marketing sicher nicht. Guerillas definieren Kreativität im Bereich des Marketings als etwas, was zur Steigerung der Gewinne führt. Legt man diese Definition zugrunde, werden die meisten Marketingkampagnen heute jedoch von einem eklatanten Mangel an Kreativität bestimmt.

Millionen – nein, Milliarden Dollar werden Jahr für Jahr verschwendet, weil sie in Marketingaktivitäten investiert werden, die dem Texter, dem Art Director und dem Produzenten ein gutes Gefühl verschaffen, während der Buchhalter einen weiteren Scheck ausstellen muss.

Heute fragen Fernsehzuschauer oft, nachdem sie einen Werbespot gesehen haben:

- »Von wem ist dieser Werbespot? Ich habe nicht die geringste Ahnung.«
- »Das war ein toller Werbespot! Für wen war er?«

- »Mann, Dennis Rodman ist hervorragend! Wofür hat er gerade Werbung gemacht?«
- »Super-Werbefilm! War er für Nike, Budweiser, Pepsi oder Guess-Jeans?«
- »Hast du mitbekommen, für wen die Werbung ist? Ich habe geniest und den Namen nicht verstanden.«

Als ich noch für Werbeagenturen schuftete – das habe ich zwölf Jahre lang getan – hieß es, wenn Sie 30 Sekunden haben, um ein Produkt zu verkaufen, sollten Sie jede dieser 30 Sekunden nutzen. Heute lautet die Lehrmeinung anscheinend: Wenn Sie 30 Sekunden haben, um ein Produkt zu verkaufen, dann nutzen Sie die letzten drei Sekunden, um es zu verkaufen, und die ersten 27, um Aufmerksamkeit zu erregen.

Die Hersteller von Werbeanzeigen scheinen all ihre Kraft darauf zu verwenden, die Aufmerksamkeit auf ihre Anzeigen zu lenken, obwohl es doch ihre Aufgabe wäre, die Aufmerksamkeit auf die Produkte oder Dienstleistungen zu lenken. Nicht das Marketing soll im Vordergrund stehen, sondern die Ware. Wenn Sie das nicht erreichen, dann haben Sie nicht erkannt, dass wahre Kreativität im Bereich des Marketings Gewinne erzeugt.

Auf Internetseiten wird das gleiche Verbrechen begangen. Viele sind sehr kreativ, wenn man künstlerische Maßstäbe anlegt. Beurteilt man sie jedoch nach ihrer Profitabilität, ist es mit der Kreativität nicht weit her. Das Gleiche gilt für Anzeigen in Zeitschriften und für Rundfunkwerbespots. Und ebenso für einen großen Teil der Direct Mail. Warum sonst sollten die Menschen sie als *Junk-Mail* bezeichnen?

Guerillas lassen die Auftraggeber sofort erkennen, wer für das Marketing zuständig ist. Sie behaupten nicht selbstbewusst, dass es sich um Marketing handele, und versuchen nicht, Marketing als Pseudounterhaltung zu verkaufen. Sie machen sich nichts vor, indem sie denken: »Wenn ich es nur richtig anstelle, werden die Leute nie auf die Idee kommen, dass das hier ein Werbespot ist.« Sie finden die Idee, ihren Namen während der Dauer des Werbespots auf dem Bildschirm zu zeigen oder ihn in der Überschrift zu nennen, nicht abschreckend. Sie versuchen nicht, das Publikum mit rasanten Bewegungen und Special Effects zu täuschen. Sie sträuben sich nicht dagegen, die wesentliche Botschaft zwei- oder dreimal zu wiederholen. Sie empfinden es nicht als peinlich, die Vorzüge zu präsentieren, die ihr Produkt bietet. Und sie erkennen, dass Marketing weit mehr vermag, als nur Aufmerksamkeit zu erregen.

Um Menschen zu helfen, sich im Dschungel der Informationen zurechtzufinden, ist Guerilla-Kreativität wichtiger denn je. Sie ist notwendig, um Kunden zu sagen, wer Sie sind, inwiefern Ihr Angebot ihr Leben verbessern könnte, warum sie das, was Sie anbieten, sofort kaufen sollten. Es ist von wesentlicher Bedeutung, dass Sie den Wunsch erzeugen, das kaufen zu wollen, was Sie verkaufen, das Chaos des stumpfsinnigen Marketings zu durchdringen.

In gewisser Hinsicht ist Marketing deshalb heute ein weitaus lohnenderes Betätigungsfeld für Guerillas als jemals zuvor. Für den Wettbewerb sind andere Dinge von Bedeutung – die Auszeichnungen für besonders witzige Werbespots, die Konkurrenten, die eigene künstlerische Ader. Sie blicken keineswegs direkt in die Augen, Herzen und Köpfe ihrer möglichen Kunden. Wenn Sie das tun, wird man von Ihnen Notiz nehmen. Mehr noch, Sie können Gewinne erwarten.

Der aktuelle Trend im Marketing? Noch mehr vom Altbewährten. Das bedeutet noch mehr törichte, unratsame, nicht durchdachte, unrealistische, selbstbeweihräuchernde, dumme Propaganda, die ihr Ziel verfehlt und den Werbeagenturen und Marketingberatern dicke Gewinne sichert, während die Leute, die die Schecks unterschreiben, leer ausgehen. Und alles nur, weil das Wissen am Anfang fehlt. Es ist das Gleiche, als würden Sie in ein Schwimmbecken ohne Wasser springen.

Guerilla-Marketing hat sich als Antwort darauf entwickelt. Obwohl die ersten Guerilla-Marketing-Bücher für kleine Unternehmen ohne gewaltige Kapitaldecke geschrieben wurden, werden sie heute mit Begeisterung auch von multinationalen Konzernen genutzt, die es leid sind, ihr Geld zum Fenster rauszuwerfen.

Guerilla-Marketing unterscheidet sich vom traditionellen Marketing in fünfzehnfacher Hinsicht. All diese Aspekte scheinen kleinen Unternehmen entgegenzukommen. Im Folgenden finden Sie die fünfzehn Kennzeichen des Guerilla-Marketing:

1. Es verlangt, dass Sie Zeit, Energie und Fantasie – und nicht nur Geld – in den Marketingprozess investieren.
2. Es basiert mehr auf psychologischen Erkenntnissen – den Gesetzen menschlichen Verhaltens – als auf Vermutungen und Ansichten.
3. Der einzige Maßstab seiner Leistungen sind die erzielten Gewinne.
4. Es richtet sich an kleine Unternehmen und hat erkannt, dass viele große Konzerne auch nur große kleine Unternehmen sind.
5. Es ermutigt dazu, die Errungenschaften der (heute einfach zu handhabenden) Technik zu nutzen, und rät jedem, der an Technophobie leidet, sich auf die inzwischen nutzerfreundliche Technik einzulassen.
6. Es nimmt dem Marketing das Geheimnisvolle und ermöglicht Praktikern einen Einblick in den gesamten Marketingprozess, ohne sie weiter einzuschüchtern.
7. Es verlagert den Schwerpunkt des Marketings vom Wettbewerb zur Kooperation, indem es die Frage aufwirft, wem die Guerillas helfen können und wer ihnen helfen kann. Es geht nicht um die Frage, wen es zu vernichten gilt, und die treibende Kraft ist das Wohl der Kunden.
8. Es legt nahe, dass nicht mehr einzelne Verkäufe im Vordergrund stehen, sondern langfristige Beziehungen, und wertet die Anzahl der Beziehungen statt der Umsätze.
9. Es legt nahe, dass Werbung allein nicht ausreicht, dass Mailingaktionen allein nicht ausreichen, dass Öffentlichkeitsarbeit allein nicht ausreicht und dass eine Website allein nicht genügt – dass nur ein Marketingmix, zum Beispiel eine Kombination aus Werbung, Mailings, Öffentlichkeitsarbeit und einer Homepage, sinnvoll ist.
10. Es legt Guerillas nahe, weniger die Expansion und Diversifikation im Auge zu haben, als sich vielmehr auf die Nische zu konzentrieren.
11. Es legt nahe, dass Guerillas ihre Unternehmen geometrisch wachsen lassen, indem sie für eine intensive Vertiefung der Beziehungen sorgen und sich auf die unvergleichliche Kraft der Kundenbeziehungen verlassen, statt es linear wachsen zu las-

sen, indem sie ständig für neue Kunden sorgen. Guerillas versuchen in erster Linie, nicht neue Kunden zu gewinnen, sondern den bestehenden Kundenstamm zu halten und die Beziehungen zu pflegen. Der Verkauf eines Produktes an einen Stammkunden kostet nur ein Sechstel dessen, was für den Verkauf an einen Neukunden aufgewendet werden müsste.

12. Es heißt, ebenso viel zu geben wie zu nehmen, nämlich bereitwillig Informationen, Hinweise, Geschenke und Ratschläge mit Kunden und potenziellen Kunden zu teilen. Für Guerillas ist Großzügigkeit Teil ihres Marketingplans, und sie denken ständig darüber nach, was sie anderen Menschen geben können, statt sich nur auf das zu versteifen, was sie ihnen nehmen können. Diese Einstellung öffnet die Türen, durch die die Gewinne fließen.
13. Es befasst sich nicht in erster Linie mit dem Großen, sondern mit dem Kleinen – mit einzelnen Menschen, kleinen Unternehmen und geringfügigen Details. Guerillas sind treffsicherer als traditionelle Marketingleute, die sich vorrangig für Gruppen interessieren und nach dem Gießkannenprinzip vorgehen.
14. Es ist vollständig geplant und zielgerichtet. Nichts bleibt dem Zufall überlassen, nichts geschieht unerwartet; Guerillas wissen, dass alles, was sie tun oder sagen, Marketing ist, deshalb verfolgt alles eine Absicht.
15. Es stellt 100 Instrumente zur Verfügung, die Guerillas für ihre Marketingaktivitäten nutzen können – und 50 dieser Instrumente sind frei verfügbar und kostenlos. Von diesen 50 nutzen Guerillas so viele sie können.

Vor allem verlangen aktuelle Marketingtrends von Guerillas, dass sie auf einem zunehmend wettbewerbsorientierten Markt erfolgreich sind. Marketingguerillas genießen das einmalige Gefühl, den Marketingprozess vollständig unter Kontrolle zu haben, statt von ihm kontrolliert zu werden. Mit diesem Wissen verschwenden sie kein Geld und sind nicht gezwungen, Downsizing-Maßnahmen zu ergreifen oder Insolvenzverfahren einzuleiten.

In diesem Buch finden Sie alles, was Sie wissen müssen, um nicht nur gewöhnliche Marketingaktivitäten zu entfalten, sondern die Kunst des Guerilla-Marketings zu beherrschen. Das ist die Marketingvariante, die kleinen – und riesigen – Unternehmen in jedem Winkel der Erde zugute kommt.

Ist es ein Zufall, dass Microsoft ein ungemein profitables Unternehmen ist und sich gleichzeitig auf ein außerordentlich überlegtes und zielgerichtetes Marketing verlässt? Ich glaube kaum. Der Grund ist vielmehr, dass man bei Microsoft hart arbeiten musste, damit das Unternehmen zu dem werden konnte, was es heute ist, und dass dieses hart verdiente Geld nicht mit ins Leere laufenden Marketingaktionen verschwendet werden soll. Eine Verschwendung will ich auch nicht. Sie ebenso wenig. Und auch kein anderer Guerilla, der über die nötige Selbstachtung verfügt.

Kapitel Zwei

Die Planung

1

Die erste Idee des Guerilla-Marketing lautet, dass *Guerillas rückwärts planen.* Sie beginnen mit ihren langfristigsten Zielen und arbeiten sich dann wieder zurück bis zur Gegenwart. Wenn Sie sich zugestehen können, sich Ihren Erfolg lebhaft vorzustellen, werden Sie den Weg dorthin leichter finden. Die meisten Unternehmen sehen den Beginn des Weges vor sich, können jedoch nicht erkennen, wohin er in der Ferne führt. Ihre Kurzsichtigkeit bringt sie in Schwierigkeiten, wenn Veränderungen oder unvorhergesehene Ereignisse auftreten und sogar wenn sich plötzliche Erfolge einstellen.

Der schwierigste Bestandteil der Marketingplanung ist es, das Ziel zu erkennen. Sie müssen all Ihre Unsicherheiten und Ängste ablegen, um an Ihr endgültiges Reiseziel zu gelangen. Während Sie Ihre langfristige Zukunft planen, müssen Sie sich so verhalten, als hätten Sie die einzelnen Stationen, die am Reiseweg liegen, schon erreicht. Sie müssen sich Ihr Unternehmen in seinem Bestzustand in zwanzig Jahren vorstellen, damit es in zehn Jahren mit höchster Leistungsfähigkeit operieren kann. Nur wenn Sie wissen, was für eine solche Leistungsfähigkeit getan werden muss, können Sie sich ein Bild davon machen, wo Sie in fünf Jahren sein müssen. Das hilft Ihnen, sich auf das zu konzentrieren, was bis zum Ende des Jahres getan sein muss. Und das wiederum zeigt Ihnen den Weg, den Sie morgen, heute, jetzt gehen müssen. Wenn der Golfball mitten auf dem Fairway liegt, zweihundert Meter vom Green entfernt, dann versuchen die Golfer nicht, das Green zu treffen. Sie zielen auf das Loch.

Sie müssen genau wissen, wo das Loch ist. Wenn Sie wissen, wo das Green ist, wird sich das für Sie nicht auszahlen. Es hilft Ihnen auch nicht zu wissen, dass das Fairway vor Ihnen liegt. Die meisten kleinen Unternehmen werden von Inhabern geführt, die mit dem Schläger in der Hand am Abschlagpunkt stehen und nicht genau wissen, in welche Richtung sie zielen müssen. Sie können schlagen, vielleicht sogar sehr weit. Aber das allein reicht nicht aus, um den Ball ins Loch zu befördern, wo er hingehört.

Guerilla-Unternehmen operieren mit Marketingplänen, die Erfolg und Wachstum, Veränderungen und Flexibilität berücksichtigen. Diese Pläne werfen ein weit in die Zukunft reichendes Licht und beleuchten ein Ziel, das nur in der Vorstellung der Unternehmer existiert. Die Unternehmer müssen den Menschen, die mit ihnen und für sie arbeiten, ebendieses Ziel vermitteln – ihren Angestellten und Mitarbeitern, ihren Marketingpartnern und Zulieferern.

Die Unternehmer erreichen dies mit Hilfe eines Planes, der deutlich den vor ihnen liegenden Weg aufzeigt und auf das Ziel weist, das sie erreichen wollen. Dieser Plan unterstützt alle Entscheidungsprozesse – egal, ob es sich um Werbung oder um Personalangelegenheiten handelt. Er bietet Raum für Expansion, Diversifikation und Erfolg. Obwohl er Unternehmen ermöglicht, im Hier und Jetzt zu operieren, richtet er doch die Aufmerksamkeit auf das ferne Ziel.

2

Auch wenn der Planer mit den Grundzügen des Planens vertraut ist, so hängt der Erfolg doch von den Recherchen ab, die er anstellt. Das Wissen, das durch Recherchen erlangt wird, stellt die Stabilität und Wirklichkeitsnähe eines Plans sicher. Es wird die Hoffnungen und Bestrebungen des Planers lenken und gleichzeitig den Blick auf Ziele und Taktiken lenken. Die Recherche muss allzu kühnes ebenso wie übermäßig schüchternes Verhalten durch glasklare Informationen ausgleichen.

Ein Guerilla weiß, *dass die Planung mit der Recherche beginnt.* Je konkreter die Recherchen, desto sensibler ist der Plan. Pläne erlangen ihre Stärke mit dem zunehmenden Wissen der Guerillas auf folgenden Gebieten:

- Produkte oder Dienstleistungen: Guerillas lernen, was diese anders, besser, wünschenswert macht. Sie finden Wege, um sie zu verbessern und ihren Wert zu erhöhen.
- Nutzen: Die Erforschung des Nutzens, den ein Produkt hat, sollte sich im Marketingplan widerspiegeln, insbesondere solche Vorteile, die andere Produkte nicht bieten.
- Markt: Pläne existieren nicht in einem Vakuum, sondern in Beziehung zu einem ganzen Markt. Guerillas werden zu Experten ihres Marktes, bevor sie mit der Planung beginnen.
- Industriebereich/Branche: Guerillas wollen ihre Branche als Ganzes sehen, um deren Schwächen und Chancen aufzudecken, um aus Erfolgen und Niederlagen zu lernen.

- Wettbewerb: Gesunde Marketingpläne erwachsen aus Träumen, die den Aktivitäten des Wettbewerbs angepasst sind. Guerillas erleben ungern böse Überraschungen.
- Kunden: Die Kunden der Guerillas sowie die Kunden ihrer Konkurrenten sind reichhaltige Datenquellen. Durch Nachforschungen werden diese Quellen ausgeschöpft.
- Potenzielle Kunden: In durchdachten Marketingplänen werden Interessenten und potenzielle Kunden spezifiziert, weil die Recherchen Aufschluss darüber geben, wer und wo sie sind, bevor der Plan erstellt wird.
- Medien: Guerillas eignen sich die besten Verfahren an, um ihre Zielgruppen zu erreichen und um das umzusetzen, was sie in ihrem Marketingplan über Medien gelernt haben.
- Internet: Es ist so einfach, den Cyberspace nach Marketingwissen zu durchforsten, dass alle Guerillas die Erforschung des virtuellen Raumes als Pflicht betrachten, bevor sie sich mit der Erstellung des Marketingplanes befassen.
- Technologie: Weil Geschwindigkeit und Effizienz wirksame Marketingaktivitäten vorantreiben können, finden Guerillas heraus, inwiefern sie ihren Zielen mit Hilfe der Technik näher kommen können.

Das Endergebnis der Recherchen sollte ein Pfeil sein, der in die richtige Richtung weist, sowie ein Bogen, der die Kraft hat, den Pfeil zum Ziel zu bringen. Der Marketingplan ist die Spannung, in der Pfeil und Bogen gehalten werden.

3

Pläne dienen einerseits dazu, ein Ziel festzuschreiben, andererseits sollen sie Wege aufzeigen, um dieses zu erreichen. Diese einfache Erkenntnis wird Ihnen helfen, einen Plan zu erstellen, *der das Ziel sichtbar macht* und Sie dann mit minimalem Aufwand dorthin bringt. Der Plan sollte mit dem Ziel beginnen, sodass sich seine übrigen Aspekte von allein ergeben.

Vielleicht ist Ihr Ziel eine große Zahl – ein Umsatz von 5 Millionen Dollar bis zum Jahresende beispielsweise. Es kann auch eine kleine Zahl sein – etwa 10 neue Kunden bis zum Ende eines Jahres. Vielleicht ist es auch ein Vorsatz – zum Beispiel, den besten Kundenservice zu bieten, den es in Ihrer Branche je gegeben hat. Es kann auch ein Versprechen sein – heiße Geflügelgerichte innerhalb von 30 Minuten nach der Bestellung zu liefern. Oder aber ein Vorhaben – wenn Sie bis zum 31. Dezember 2002 einen Marktanteil von 30 Prozent erreichen wollen. Es kann ein Produktionsziel sein – die Ausschussrate auf unter 1 Prozent zu reduzieren. Es kann auch eine Expansionsbestrebung sein – zum Beispiel, in den nächsten fünf Jahren fünf neue Filialen pro Jahr zu eröffnen. Und in unserem neuen Zeitalter der beruflichen Verwirklichung kann sich Ihr Ziel auch auf Ihre Lebensweise beziehen – die Gewinne jährlich beständig um 15 Prozent zu steigern, während Sie vier Tage pro Woche in Ihrem Arbeitszimmer zu Hause arbeiten.

Guerillas wissen, dass sie über eine große Bandbreite an Zielen verfügen und dass sie mehr als ein Ziel auswählen können. Sie wissen, dass es umso leichter sein wird, sich das Ziel vorzustellen und es zu erreichen, je genauer sie es spezifizieren. Sie sind sehr sorgfältig darum bemüht, sich niemals zu viele Ziele aufzubürden, weil die Gefahr besteht, dass ein Ziel geopfert wird, um die anderen zu erreichen. Sie setzen sich Ziele für die nähere und weitere Zukunft. Je langfristiger sie planen, desto genauer wissen sie, was sie in naher Zukunft erwartet. Guerillas berücksichtigen die Unausweichlichkeit von Veränderungen, wenn sie sich ihre Ziele setzen. Sie kalkulieren Veränderungen ein, die auf dem Markt und in der Wirtschaft, in der Währung und der Technologie sowie in ihrem eigenen Leben eintreten werden.

Einer der ersten Schritte, die ein Guerilla unternehmen muss, ist die Definition des Zieles, auf das sich der Marketingplan richtet. Ein Guerilla will sicherstellen, dass jeder, der mit dem Unternehmen zu tun hat, versteht, welchen Zweck dieses Unternehmen überhaupt verfolgt.

Das Ziel eines Guerillas muss messbar sein, damit der- oder diejenige seine Leistung daran messen kann. Es ist quantifizierbar. Es ist für jeden sichtbar.

Ein Guerilla will in der Lage sein, den Marketingplan allen am Unternehmen beteiligten Personen zu zeigen, sodass sie sich auf die Marketingziele konzentrieren und ihre eigene Aufgabe verdeutlichen können. Ein Guerilla hat greifbare Ziele, die mit Hilfe eines erfolgreichen Marketing-, eines Wirtschafts- und eines Produktionsplanes erreicht werden müssen. Realismus ist das kennzeichnende Merkmal dieser Ziele.

Guerillas setzen sich Ziele, die sie erreichen können, indem sie einen unverwechselbaren Weg schaffen, der sie ans Ziel bringt und an dem Markierungen stehen, an denen sie ihren Fortschritt messen können.

4

Einer der wichtigsten Grundsätze für die Erstellung eines idealen Marketingplanes ist es, ihn *möglichst kurz zu gestalten*. Das zwingt Sie dazu, sich auch weiterhin eindeutig auf Ihre Ziele zu konzentrieren. Es erspart Ihnen, um Ihren Plan unnötiges Aufhebens zu machen. Es ist der beste Schutz vor Ablenkung. Und es ermöglicht allen, denen Sie diesen Plan zeigen, ihn zu lesen und zu verstehen, bevor ihnen die Augenlider schwer werden und sie einschlafen.

Viele Marketingpläne für Unternehmen, die ein durchaus aufregendes Potenzial hätten, sind ausschweifend wie Politikerreden. Sie strotzen nur so vor Redewendungen, die in der Wirtschaft gerade trendy sind, und Formulierungen, die allenfalls für juristische Unterlagen angemessen wären. Vielleicht ergäbe der Plan für einige seiner Leser Sinn, aber bevor es dazu kommt, geben sie es auf. Zu viele Pläne enthalten Informationen, die in einen Wirtschaftsplan oder einen Weltalmanach gehören, aber nicht in die Marketingstrategien.

Ein langweiliger Plan verwischt den Schwerpunkt und verstellt den Blick auf das Ziel. Statt zu motivieren, verursacht ein schwerfälliger Plan Langeweile. Erstaunlicherweise ist die Unfähigkeit, sich präzise auszudrücken, in vielen Fällen der einzige Grund dafür, dass die Unternehmer keinen Erfolg haben.

Dies scheint darauf hinzudeuten, dass der Fähigkeit, einen genialen Marketingplan zu schreiben, die Fähigkeit zu schreiben vorausgeht. Wenn Sie diesen Eindruck gewinnen, liegen Sie ganz richtig. Um einen überzeugenden Marketingplan zu verfassen, müssen Sie in der Lage sein, sich in einfache Sätze, Redewendungen und Worte zu fassen. Sie müssen die Sprache der Menschen sprechen, statt wirtschaftliches Neudeutsch zu verzapfen. Sie müssen auf den Punkt kommen. Und Sie müssen scharfsinnig genug schreiben, um Ihr Unternehmen auf der Grundlage eines Planes zu führen, der nur eine Seite umfasst.

Für einen effektiven Guerilla-Marketingplan genügt eine einzige Seite – ein einziger Absatz. Er benötigt nicht mehr als sieben Sätze, und nur einer dieser Sätze muss lang sein. Die intelligentesten Guerillas benötigen sogar nur sieben Wörter, um ihren Marketingplan auszudrücken: »Ziel: Anfrage der aussichtsreichsten potenziellen Kunden nach Werbevideo.« Damit ist das Wesentliche des Planes deutlich erfasst, es reicht aus, um zu beschreiben, was mit den Marketingaktivitäten erreicht werden soll. Die Kürze macht es beinahe unmöglich, die falsche Richtung einzuschlagen oder die falschen Medien auszuwählen. Marketingaktivitäten, die anhand kurzer Strategien beurteilt werden, bleiben eher zielgerichtet. Die Strategie dient dazu, alle Marketingideen zu begleiten, heute und in Zukunft. Deshalb ist es für Guerillas so wichtig, eine kurze und bündige Strategie zu haben.

Die Dokumentation, die den Plan begleitet, mag Hunderte von Seiten umfassen und genauen Aufschluss über die Details des Zielmarktes und der Medien geben, die eingesetzt werden, um mit diesem Markt zu kommunizieren. Aber der eigentliche Plan ist nur sieben Sätze lang. Jeder, der einen solchen Plan studiert, kann ihn verstehen.

5

Ein Marketingplan ist nur so gut wie die Menschen, die die Verantwortung haben, ihm Leben einzuhauchen. Jeder Guerilla weiß, dass sein Handeln das eigentliche Ziel der Übung ist. Das erfordert die Einsicht zu wissen, dass *Handeln der Zweck aller Planung* ist.

Ja, wenn ich vom Handeln rede, meine ich Sie! Marketing ist ein dreigleisiger Prozess. Er zielt auf Angestellte oder freie Mitarbeiter oder Repräsentanten ab. Marketing berücksichtigt auch die Kunden: Sie zu erreichen ist die Absicht des Marketingplanes. Der dritte Aspekt des Prozesses ist der Guerilla. Sie sind die treibende Kraft für Handlungen zwischen den ersten beiden Aspekten. Sie sind der Mensch, der den Marketingplan erst erarbeitet und dann verwirklicht. Sie geben denjenigen, die die eigentliche Marketingarbeit leisten, die Richtung vor, Sie sind es, der die Kunden davon überzeugt, Ihr Angebot anzunehmen, Sie betreiben die Kundenpflege.

Wenn Sie nicht in der Lage sind, die Leute zum Handeln zu motivieren, wird Ihr Plan in der Schublade verstauben. Die Gleichung für Erfolg lautet Vertreter plus Kunden plus Sie selbst. Der Job der Vertreter besteht darin, die Marketingaktivitäten zu erschaffen, zu produzieren und in Gang zu bringen. Die Aufgabe der Kunden ist es, auf das Marketing zu reagieren. Ihr Job schließlich ist es, so vorzugehen, dass die richtigen Wörter zu den richtigen Menschen gelangen.

Einem Plan, der angemessenes Handeln nicht mit einschließt, fehlt ein wichtiges Element. Er sollte deutlich formulieren, welches Handeln erforderlich ist und wie vorzugehen ist. Die Person, die für das Marketing verantwortlich zeichnet, muss Optimismus mit Energie kombinieren, sodass die Marketingaufgaben mit Enthusiasmus erfüllt werden.

Diese Einstellung erwächst aus einem Plan, der das Selbstvertrauen stärkt und nach Handeln verlangt. Wenn die Inhaber kleiner Unternehmen diese Einstellung nicht haben, sollten sie jemanden finden, der diese Mentalität ausstrahlt, der darauf brennt zu handeln und der 100-prozentig auf den Marketingplan eingeschworen ist. Guerillas ziehen ihre eigene Marketingshow ab, und ein Marketingplan ohne die richtige Einstellung und ohne das angemessene Handeln ist wie ein Auto ohne Lenkrad und Motor.

Guerillas, die über die richtige Einstellung verfügen, sind bereit, angemessen zu handeln, als Steuerruder und treibende Kraft hinter dem erfolgreichen Marketingplan zu stehen. Ohne Steuerruder und Maschine wären diese Marketingpläne nichts als Theorie. Sie mögen hehre Ziele verfolgen. Sie mögen in klare Worte gefasst sein. Vielleicht sind sie sogar stichhaltig und kurz. Aber ohne die Vitalität eines Guerillas, der das Sagen hat und sicherstellt, dass die Pläne umgesetzt werden, würden sie auf dem Papier zugrunde gehen.

6

Wenn Sie den besten Marketingplan und den besten Wirtschaftsplan haben wollen, müssen Sie den Unterschied zwischen Marketing- und Wirtschaftsplan kennen. *Marketingpläne sind Bestandteil des Wirtschaftsplans.* Sie beschränken sich auf kleine Bereiche, in denen es vorrangig um Marketing geht. Sie haben nicht so wichtige Inhalte wie Wirtschaftspläne – Management, finanzielle Planungen und Bestandsaufnahmen etwa. Sie haben – und das mit Absicht – einen engeren Fokus. Welche Bereiche decken sie ab?

Der erste Satz eines straffen Marketingplans, den ein Guerilla ausgearbeitet hat, gibt Auskunft über die Absicht der Marketingaktivitäten. Sei es, um die Nachfrage nach Werbevideos anzukurbeln. Sei es, um die Zahl der Patienten auf 50 pro Woche zu erhöhen. Sei es, um pro Monat 175 neue Verkaufskontakte hervorzubringen. Sei es, um die Zahl der Ladenbesucher auf 1 500 Personen pro Woche zu steigern. Alle Marketingaktivitäten sind darauf ausgerichtet, den Zweck zu erreichen, der im ersten Satz des Planes genannt wird.

Der zweite Satz nennt die Vorzüge oder Wettbewerbsvorteile, die betont werden müssen, um dieses Ziel zu erreichen. Ein Guerilla geht mit den Marketingvorteilen nicht verschwenderisch um, sondern wählt den unverwechselbarsten, wünschenswertesten und glaubhaftesten dieser Vorteile aus und hebt diesen einen – oder höchsten zwei – hervor. In den Marketingaktivitäten können alle Vorteile erwähnt werden, aber konzentrieren sollten Sie sich auf die wirklich besten Pferde im Stall – diejenigen, die der Wettbewerb nicht besitzt.

Der dritte Satz eines Guerilla-Marketingplans beschreibt die Zielgruppen. Die meisten Guerillas identifizieren mehr als eine Zielgruppe, und so kann dieser Satz mehrere Gruppen aufzählen.

Der vierte – und lange – Satz führt die Marketinginstrumente auf, die die Guerillas nutzen werden, um ihr Ziel zu erreichen. Es gibt 100 Mittel, aus denen man auswählen kann, und ein Guerilla weiß, dass es wichtig ist, viele gleichzeitig zu benutzen, den Einsatz genau zu beobachten und die Zahl der eingesetzten Instrumente immer weiter zu reduzieren, um zum Schluss nur noch die zu benutzen, deren Einsatz sich bewährt hat.

Im fünften Satz wird die Marktlücke des Guerilla-Unternehmens beschrieben. Guerillas müssen sich eine Nische suchen, in der sie etwas gelten, und die Marketingaktivitäten müssen diese einzigartige Position widerspiegeln. Sie wird im Marketingplan genannt und zeigt sich auch in allen Instrumenten, die zum Einsatz kommen.

Der sechste Satz fasst die Identität des Guerillas in einem einzigen Satz zusammen. Guerillas sind sehr darum bemüht, ihr wahres Ich zu zeigen, statt sich eine Scheinfassade zurechtzuschustern. Der Unterschied ist groß, und dieser Unterschied lautet Wahrheit und Aufrichtigkeit. Glauben Sie nicht, die Kunden würden den Unterschied nicht kennen; sie tun es.

Der siebte Satz des Guerilla-Marketingplans gibt Aufschluss über das Budget, ausgedrückt in dem Prozentsatz der angestrebten Bruttoumsätze.

Marketingpläne, die sich auf diese sieben Sätze beschränken, garantieren üblicherweise höhere Gewinne.

7

Guerillas sind so einsichtig, mit einem Plan zu beginnen, und deshalb ist ihnen auch klar, dass sie den Plan als Landkarte benutzen und dass sie selbst der Expeditionsleiter sind. Die zugrunde liegende Idee: Sie erarbeiten einen Plan, dem Sie ohne Druck folgen können, der Ihnen jedoch auch die Flexibilität lässt, sich ohne ihn weiterzubewegen, wenn es notwendig sein sollte.

Ein leicht umzusetzender Plan sollte alle vier bis sechs Wochen einer Überprüfung unterzogen werden, sodass Sie Ihren Fokus neu ausrichten und Ihren Plan an den Gegebenheiten eines neuen Monats neu ausrichten können. Hoffen Sie, dass Sie den Plan aufrechterhalten können, ohne ihn verändern zu müssen. Seien Sie darauf vorbereitet, alle sechs Monate Veränderungen vorzunehmen, wenn es wirklich sein muss. Aber verändern Sie nichts, sofern Sie nicht durch Marktbedingungen, technologische Fortschritte oder Angriffe durch Konkurrenten unbedingt dazu gezwungen werden.

Ideal wäre es, wenn Sie Ihren Marketingplan *immer nutzen* könnten. Das setzt voraus, dass Sie von Beginn an einen wirklich ausgereiften Plan ausarbeiten, der über die notwendige Flexibilität verfügt, sodass Sie ihn nicht jeder äußeren Veränderung anpassen müssen. Üblicherweise jedoch behält ein Plan für ein Jahr seine Gültigkeit, bevor man geringfügige Veränderungen vornehmen muss. Das Ziel des Planes wird voraussichtlich bestehen bleiben. Ebenso der wichtigste Wettbewerbsvorteil. Aber vielleicht werden Sie den Fokus auf eine statt drei Zielgruppen richten. Vielleicht entschließen Sie sich dazu, 80 Prozent aller Marketinginstrumente auszusondern, weil die übrigen 20 Prozent eine so überzeugende Arbeit leisten. Ihre Nische wird sich nicht verändern, und Ihre Identität hoffentlich auch nicht. Der Prozentsatz, den Sie für das Marketing aufwenden, wird mit zunehmenden Umsatzzahlen vermutlich abnehmen. Es gibt keinen Grund, mehr in die Marketingaktivitäten zu investieren, nur weil Sie erfolgreich sind. Investieren Sie einfach klüger! Es geht um Gewinne, nicht um Ihr Ego.

Natürlich gibt es ausreichend Gründe, die dazu führen, dass Sie Ihren Marketingplan verändern müssen. Das Internet ist vielleicht so schnell so bedeutend geworden, dass Sie den Schwerpunkt Ihrer Marketingaktivitäten online setzen. Unter Umständen sind Ihre Verkäufer jetzt so gut, dass Sie sich mehr auf Neueinführungen konzentrieren können statt auf Verkaufsabschlüsse, weil Sie wissen, dass die Verkäufer den Rest allein bewältigen. Vielleicht können Sie erhebliche Fortschritte in der Geschwindigkeit machen, mit der Sie Aufträge abwickeln, weil im Maschinenbau ein Durchbruch erzielt wurde; Fortschritte, die weder Ihnen noch der Konkurrenz früher möglich gewesen wären. Oder vielleicht bietet ein Konkurrent seine Dienstleistungen für die Hälfte des Preises an, den Sie verlangen.

Drastische Veränderungen der äußeren Umstände führen zu drastischen Veränderungen in Marketingplänen. Passen Sie Ihren Plan an, wenn Sie es müssen. Wenn Sie es nicht müssen, bleiben Sie auf Kurs. Und wann müssen Sie ihn anpassen? Wenn Sie sich diese Frage stellen müssen, ist es wahrscheinlich gar nicht erforderlich, dass Sie auch nur ein Wort Ihres Marketingplanes ändern. Nehmen Sie niemals Veränderungen vor, nur weil andere ihre Marketingtaktik geändert haben, seien Sie jedoch bereit nachzuziehen, wenn andere ihre Strategien geändert haben. Machen Sie es sich zur Regel, Ihren Marketingplan, wenn überhaupt, ausschließlich aufgrund der Marktsituation anzupassen – und nicht nur, weil Sie Ihre Meinung geändert haben. Die besten Pläne sind solche, die es gar nicht nötig haben, verändert zu werden.

8

Der größte Fehler, den man im Bereich der Planung machen kann, ist das Versäumnis, nicht von Beginn an einen Plan zu erstellen. Nutzen Sie Ihr Guerilla-Wissen, um sicherzustellen, dass der Plan ebenso zukunfts- wie gegenwartsbezogen ist. Auch wenn Ihr Plan kurz und einfach gestaltet ist, sollte er doch als Wegbegleiter für das nächste Jahrzehnt dienen. Es liegt also nicht in Ihrem Interesse, schon zu Beginn Fehler zu machen.

Um sich vor Anfängerfehlern zu schützen, müssen Sie sich darüber im Klaren sein, dass Sie ein Risiko auf sich nehmen, wenn Sie *einen Plan erstellen*. Sie müssen sich dem Ziel Ihres Marketingplanes – dem Inhalt des ersten Satzes – mit Haut und Haaren verschreiben, denn es ist vermutlich Ihre Leidenschaft, die Ihr Marketing erfolgreich macht. Gleichzeitig müssen Sie darauf bedacht sein, Ihre Flexibilität zu wahren, sich auf die wesentlichen Wettbewerbsvorteile zu konzentrieren und die Zielgruppen einzugrenzen, sodass Sie die wirklichen Adressaten häufiger erreichen. Sie müssen den Einsatz Ihrer Instrumente genau kontrollieren, damit Sie wissen, welche die größte Wirkung erzielen und welche ihre Ziele verfehlen. Seien Sie in Ihrem Engagement flexibel, damit Ihr Marketingplan unabhängig von der Wettbewerbssituation lebendig und dynamisch ist. Wenn Sie die Fallen kennen, die sich beim Erarbeiten Ihres Plans vor Ihnen auftun könnten, dann sind Sie in der Lage, sie zu umgehen. Halten Sie sich an die folgenden fünf Regeln – sie werden zum Erfolg führen.

- Sparen Sie sich die Details. Legen Sie die Details in einer Dokumentation fest, die den Plan unterstützt, und nicht im Plan selbst. Niemand legt in einem Marketingplan Wert auf Leser- und Zuschauerzahlen.
- Benutzen Sie keine Slogans. Ein Marketingplan ist nicht das geeignete Medium für Werbebotschaften oder Schlagzeilen. Er muss auch nicht aussehen wie ein Mailing oder ein Flugblatt. Verfassen Sie ihn in einfachen Worten und in einem sachlichen Ton.
- Lügen Sie nicht. Knüpfen Sie Ihre Hoffnungen nicht an einen Vorteil, den Sie eigentlich gar nicht anbieten. Die Kunden sind heute aufgeklärter als jemals zuvor, und dieser Trend zur Mündigkeit hält an. Entscheiden Sie sich nicht für eine Zielgruppe, die zu erreichen Sie sich nicht leisten können. Nennen Sie keine Instrumente, die Sie womöglich gar nicht nutzen werden. Machen Sie der Öffentlichkeit nichts vor, wenn es um Ihre Identität geht.
- Setzen Sie sich Maßstäbe. Es gibt Geschäftsleute, die außerordentliche Pläne erarbeiten, dann aber in verlockende Marketingklischees verfallen, die nicht mit ihrem Plan zu vereinbaren sind. Der Plan ist der Maßstab, mit dem Sie Ihre Marketingaktivitäten beurteilen, bevor Sie sie verwirklichen.
- Trauen Sie sich zu träumen. Die besten Marketingpläne vermitteln zunächst den Eindruck, ins Reich der Illusionen zu gehören – aber dann werden sie Wirklichkeit. Sie beinhalten hoch gesteckte Ziele, von denen Sie heute nur träumen, und Wegweiser, um diese Ziele morgen wahr werden zu lassen. Sie sollten Hoffnung und Optimismus ausstrahlen.

9

Die Regel für die Planungsphase, die Ihnen helfen wird, das meiste Geld zu sparen, lautet: Haben Sie realistische Erwartungen. Es ist bestürzend, wie viele hervorragende Marketingpläne zum Scheitern verurteilt waren, weil ihre Erwartungen keine realistische Basis hatten. Der größte Fehler, den man in dieser Hinsicht machen kann, ist es, sich einen unangemessenen Zeitrahmen zu setzen.

Der Unternehmer entwirft einen Plan, wendet ihn an und findet sich dann unversehens in einem akuten Stimmungstief wieder, weil er seine Ziele nicht in dieser Eile verwirklichen konnte. Die Umsätze sind hervorragend. Es ist ausreichend Kundschaft vorhanden. Die Gewinne können sich sehen lassen. Aber sie sind nicht hoch genug. Die Ziele werden nicht schnell genug erreicht. Schlimmer noch, der Plan beginnt gerade erst, Wirkung zu zeigen, und die verantwortliche Person glaubt, er sollte bereits vollständig verwirklicht sein. Was geschieht in den meisten Fällen? Der Unternehmer lässt den Marketingplan fallen und fängt noch einmal von vorne an. Dabei hätten die Ziele erreicht werden können, wenn der Plan längerfristig angelegt gewesen wäre. Der Unternehmer glaubte, die Tatsache, dass er sich an den Plan hielt, hätte unverzüglich zu Resultaten führen müssen. Die Wahrheit ist, so sagen die Guerillas, dass Sie alles richtig machen und an dem Plan festhalten müssen; seien Sie geduldig. Und das ist ein Problem für ungeduldige Menschen, die nach schnellen Ergebnissen verlangen.

Ein hervorragendes Marketing führt keineswegs sofort zu Ergebnissen; der Weg ist sozusagen das Ziel. In den meisten Fällen setzt es voraus, dass sich das Verhalten der Menschen ändert. Und der Prozess zeigt nur allmählich Wirkung. Selbst wenn Produkte oder Dienstleistungen dramatische Verbesserungen versprechen, so akzeptieren die Kunden sie trotzdem nur im Superzeitlupentempo. Das hängt mit der Natur des Menschen zusammen, nicht mit der Qualität des Marketings. Mit vielen fallen gelassenen Marketingplänen hätten wahre Wunder vollbracht werden können, wenn man ihnen nur die Chance gegeben hätte. Aber die meisten Unternehmer lassen sie platzen, weil sie schneller Erfolge sehen wollen, als die Pläne überhaupt beginnen können, Wirkung zu zeigen. Und deshalb greifen sie gar nicht.

Realistische Erwartungen setzen Geduld voraus. Selbst wenn Sie sich ein Ziel setzen, das überlebensgroß ist, werden Sie die Zeit bis zum Erreichen des Ziels nicht verkürzen können. Guerillas erwarten langsame, aber stetige Verbesserungen in jeder Hinsicht. Diese Erwartungen erwachsen aus der Vorliebe der Guerillas, allmähliche Verbesserungen zu erreichen, indem sie die Schlinge immer enger ziehen und dabei kleinste Details im Auge behalten. Nicht umsonst heißt es: »Der Teufel steckt im Detail.«

Realistische Erwartungen sind nicht zwangsläufig weniger ehrgeizig. Oder weniger hoch. Sie zeigen lediglich, dass Marketing in vielerlei Hinsicht ein evolutionärer Prozess ist – in die richtige Richtung, aber sehr langsam voranschreitend. Ein weiteres Sprichwort mahnt uns: »Einen Fluss muss man nicht anschieben, er fließt von allein.«

Wenn Sie einen guten Marketingplan ausgearbeitet haben, lassen Sie ihm die Zeit, Sie ans Ziel zu bringen und den Sieg einzustreichen. Denken Sie daran, dass er eine andere Geschwindigkeit hat als Sie.

10

Guerillas wissen immer genau, *was Marketing nicht ist.* Sie sind sich halbwegs sicher, was Marketing auszeichnet. Sie sind aufgrund ihrer tatsächlichen Erfolge davon überzeugt, dass Marketing für sie eine gute Gelegenheit ist, ihren Kunden zu helfen, eine Methode, um von ihrem Unternehmen zu profitieren, eine Chance zur Zusammenarbeit und Kooperation mit anderen Unternehmen in ihrer Umgebung oder Branche und eine Möglichkeit, langfristige Beziehungen zu knüpfen.

Sie sind sich durchaus dessen bewusst, dass Marketing ein Begriff ist, der im Trend liegt und mit dem Produkte verkauft und Leute verwöhnt werden sollen. Vor allem lassen sie sich nicht von Fehlkonzeptionen in die Irre führen. Hier finden Sie einige Anhaltspunkte, die Ihnen Aufschluss darüber geben, was Marketing nicht ist:

- Marketing ist nicht gleich Werbung. Glauben Sie nicht eine Sekunde lang, dass Sie Marketingexperte sind, nur weil Sie Werbung machen. Es gibt mehr als 100 Instrumente für das Marketing. Werbung ist eins davon, aber es gibt noch 99 andere. Wenn Sie werben, so machen Sie einfach nur Werbung – und das ist nur 1 Prozent dessen, was Sie tun können.
- Marketing ist nicht gleich Direct Mail. Manche Unternehmen glauben, dass sie alle Geschäftskontakte, die sie benötigen, mit Hilfe von Direct-Mail-Aktionen knüpfen können. Für das Versandgeschäft mag das zutreffen. Aber die meisten Unternehmen brauchen eine Vielzahl anderer Marketinginstrumente, um

Direct-Mail-Aktionen zu begleiten, damit Direct-Mail-Aktionen überhaupt erfolgreich sind. Wenn Sie ausschließlich auf Direct Mail setzen, dann sind Sie kein Guerilla.

- Marketing ist nicht gleich Telefonmarketing. Für Marketingaktivitäten zwischen Unternehmen gibt es wenige Instrumente, die so hervorragend funktionieren wie das Telefonmarketing – sofern Skripte eingesetzt werden. Sie können die Wirksamkeit Ihres Telefonmarketings außerordentlich erhöhen, wenn Sie es durch Werbung – ja, Werbung – und Mailingaktionen – ja, Mailingaktionen – begleiten. Marketing besteht jedoch nicht nur aus Telefonmarketing.
- Marketing beschränkt sich nicht auf Prospekte. Viele Unternehmen haben nichts Wichtigeres im Sinn, als einen Prospekt produzieren zu lassen, in dem die Vorteile, die sie anbieten, gepriesen werden, und klopfen sich dann auf die Schulter und beglückwünschen sich zu einem qualitativ hochwertigen Prospekt. Ist dieser Prospekt alles, was das Thema Marketing hergibt? Er ist ein wichtiger Aspekt Ihres Planes, wenn er mit zehn oder fünfzehn anderen wichtigen Teilen kombiniert wird – aber ausschließlich? Vergessen Sie's.
- Marketing lässt sich nicht auf Werbung in den Gelben Seiten reduzieren. Die meisten, und ich meine wirklich die meisten, Unternehmen in den Vereinigten Staaten werben mit einer Anzeige in den Gelben Seiten und stellen sich vor, dass sich ihre Marketingaktivitäten darin erschöpfen sollten. Eine Anzeige in den Gelben Seiten führt jedoch nur zu 5 Prozent aller Geschäftsabschlüsse. Für die restlichen 95 Prozent ist diese Ignoranz ein Desaster. Nutzen Sie die Gelben Seiten als Teil Ihres Arsenals – aber nur als Teil.
- Marketing ist nicht das Showgeschäft. *There is no business like show business*, und dieser Grundsatz gilt auch für das Marketing. Stellen Sie sich Marketing als Branche vor, in der verkauft wird, in der Wünsche geweckt werden, in der die Motivation im Mittelpunkt steht. Guerillas sind nicht in der Unterhaltungsindustrie tätig – und Marketing dient nicht der Unterhaltung.
- Marketing ist keine Bühne für Humor. Wenn Sie in Ihrem Marketing Humor einsetzen, werden die Menschen sich an Ihren

guten Witz erinnern, aber nicht an Ihr überzeugendes Angebot. Wenn Sie Humor einsetzen, wird Ihre Kampagne beim ersten, vielleicht auch noch beim zweiten Mal lustig sein. Danach wird der Humor lästig und genau das beeinträchtigen, was Marketing eigentlich erfolgreich macht – die Wiederholung.

- Marketing ist keine Einladung, die eigene Raffinesse unter Beweis zu stellen. Sie wollen nicht, dass Ihre potenziellen Kunden sich daran erinnern, wie raffiniert Ihr Marketing war. Es ist vielmehr Ihr Angebot, an das sie sich erinnern sollen. Raffiniertheit lenkt einfach nur von Ihrem Angebot ab.
- Marketing ist nicht kompliziert. Guerillas beginnen mit einem Marketingplan, der nicht mehr als sieben Sätze umfasst und wählen dann aus den 100 zur Verfügung stehenden Instrumenten – von denen die Hälfte nichts kostet – die geeigneten aus. Nicht allzu kompliziert.
- Marketing ist kein Wundermittel. Es ist schon viel mehr Geld verschwendet worden, weil Verkäufer auf Wunder gehofft haben, als aufgrund anderer Fehleinschätzungen. Hoffen Sie auf ein Wunder, bekommen Sie mit Sicherheit Magengeschwüre. Marketing ist in Amerika die beste Investition, wenn Sie es richtig machen, und es richtig zu machen erfordert Planung und Geduld.

Kapitel Drei

Das Instrumentarium

11

Es gibt zahlreiche Guerilla-Marketing-Instrumente. Guerillas wissen, dass diese Methoden nicht gleich beschaffen sind. Einige haben mehr Feuerkraft als andere, manche sind sachdienlicher, wieder andere sind wirtschaftlicher. Von den Instrumenten haben sich einige als Stützpfeiler erfolgreicher Marketingprogramme erwiesen. Auch wenn Guerillas nicht zu jeder Zeit alle Instrumente benutzen, so nutzen doch die meisten Guerillas die meisten Instrumente den meisten Teil der Zeit. Eine der effektivsten Waffen in Ihrem Arsenal – Ihr Wettbewerbsvorteil – existiert vielleicht schon. *Eine Waffe, deren Einsatz Pflicht ist, ist Ihr Wettbewerbsvorteil.*

Dies ist der Grundstein Ihres Guerilla-Marketingplans. Es ist der Brennpunkt all Ihrer anderen Marketingwerkzeuge, das Kernstück Ihres Vorgehens. Ihr Wettbewerbsvorteil ist für Ihr Unternehmen von einzigartigem Wert. Er ist das, was Ihre möglichen Kunden wollen, etwas, was sie sonst nirgendwo bekommen können. Er ist das, was Sie von Ihren Konkurrenten unterscheidet.

Wenn Sie keinen natürlichen Wettbewerbsvorteil haben, müssen Sie einen erzeugen – einen realen. Die besten Wettbewerbsvorteile – die wie Diamanten im derzeitigen Modus Operandi des Unternehmens aufleuchten – werden von Marketinggenies entdeckt. Es sind Wettbewerbstrümpfe, die gigantische Ausmaße anzunehmen scheinen. »Über dem offenen Feuer gegrillt«, sagt Burger King in Worten und in Bildern, weil die Recherchen ergeben haben, dass die Kunden diese Vorstellung mit Gesundheit und gutem Geschmack assoziieren. »Sie zahlen nichts für Ihren Kraftstoff, wenn wir Ihnen die Windschutzscheibe nicht putzen«, sagt Dan's Auto Service, eine

Tankstelle mit lokalem Kundenstamm, die einen echten Wettbewerbstrumpf aus dem Ärmel gezogen hat.

Wie erzeugen Sie einen Wettbewerbsvorteil, der als Stützpfeiler all Ihrer Marketingaktivitäten dienen wird? Er sollte vier Kriterien erfüllen.

- Es ist ein positiver Nutzen. Es ist nicht eine Ihrer Eigenschaften, sondern eine der Möglichkeiten, wie Kunden davon profitieren können, indem sie Geschäfte mit Ihnen tätigen. Es ist etwas, was sie wollen.
- Niemand sonst bietet diesen Nutzen. Vielleicht bietet es jemand an, aber sie reden nicht darüber, und deshalb weiß keiner davon. Je einzigartiger und schwieriger zu kopieren, desto besser.
- Ihr Vorteil kann in einfachen Worten ausgedrückt werden. Langwierige Erklärungen sind nicht notwendig, um Ihren Vorteil zu vermitteln. Einige wenige, sorgfältig ausgewählte Worte reichen aus.
- Ihr Vorteil lässt sich verbal und bildlich ausdrücken. Die Leute wissen, dass es sich um Sie handelt, wenn Sie Ihren Wettbewerbsvorteil in irgendeinem Medium zeigen oder nennen.

Sobald Sie sich auf einen Vorteil festgelegt haben, vergewissern Sie sich, dass er in allen anderen Marketingmaterialien zu erkennen ist. Machen Sie ihn zum Teil Ihrer Identität, zum Bestandteil Ihrer Nische. Sie wollen, dass es das Erste ist, an das potenzielle Kunden denken, wenn sie Ihren Namen lesen oder hören.

12

Guerillas wissen genau, dass die Menschen ihre Geschäfte lieber mit Freunden als mit Fremden tätigen, sofern das eben möglich ist. Guerillas tauchen in ein Meer von Freunden ein, weil sie sich in ihrer Umgebung engagieren. Sie werden Teil einer Gemeinschaft, indem sie ihr helfen. Die Gemeinschaft wird Teil ihres Geschäftes, weil sie ihnen hilft.

Engagement in einer Gemeinschaft bedeutet mehr, als einem Verein beizutreten. Es bedeutet, dass Sie der Gemeinschaft mit Herz und Verstand zur Seite stehen. Es bedeutet, dass Sie daran arbeiten, damit die Gemeinschaft noch lebenswerter wird. Sie können Ihre guten Absichten und Ihre Gewissenhaftigkeit mit dieser Arbeit besser unter Beweis stellen als mit Worten.

Einer der Schlüssel zum erfolgreichen Marketing – mit einem persönlichen Anstrich, denn je persönlicher das Marketing bleibt, desto besser – ist es, netzwerkartige Beziehungen herzustellen. Aus diesen Beziehungen stammen Geschäftsfreunde, Marketingpartner, Investoren, Mitarbeiter, Kunden, potenzielle Kunden, Zulieferer und Geschäftsempfehlungen. Die Gemeinschaft ist eine der ergiebigsten Quellen, um das Potenzial von Netzwerken auszuschöpfen. Sie sind Mitglied eines Gremiums, Sie besuchen die Heimspiele des Handballvereins, Sie engagieren sich, wenn das Pfarrfest, das Stadtteilfest, ein Weihnachtsbasar, eine Theatervorführung oder ein Schulfest anstehen. Die Leute sehen, dass Sie etwas tun. Sie sehen, dass Sie Ihren Worten Taten folgen lassen und sich engagieren. Wenn Sie dann etwas sagen, das im Zusammenhang mit Ihren Marketingaktivitäten steht, glaubt man Ihnen das. Wenn Sie ein

Angebot unterbreiten, dann wissen die Leute, dass Sie sie nicht über den Leisten ziehen werden. Sie haben sich in der Gemeinschaft bewährt.

Es gibt auch weniger empfehlenswerte Methoden, sein Engagement in der Gemeinschaft zu zeigen. Wenn Sie sich bereit erklären, in einem Ausschuss mitzuarbeiten, aber niemals erreichbar sind, wenn Sitzungen stattfinden, oder wenn Sie die Handball-A-Jugend sponsern, sich aber bei keinem der Spiele sehen lassen, dann demonstrieren Sie damit, dass Sie ignorant und oberflächlich sind, weil Sie die Gemeinschaft nur benutzen, um Geschäfte zu machen, statt aus gemeinnützigen Gründen dort zu arbeiten. Die Kunden sind heute mündiger als je zuvor. Die Leute erkennen, ob jemand für die Gemeinschaft oder nur für sich selbst arbeitet. Wenn Sie nicht bereit sind, Zeit und Energie für Ihre Gemeinschaft zu opfern, dann vergessen Sie dieses Marketinginstrument lieber und überlassen es den wahren Guerillas in Ihrer Gemeinschaft. Ich drücke Ihnen dann nur die Daumen, dass keiner von ihnen Ihr direkter Konkurrent ist.

Ihre Gemeinschaft definiert sich nicht nur geografisch. Guerillas werden Teil der Gemeinschaft, die innerhalb ihrer Branche entsteht, auch wenn diese sich über das ganze Land oder sogar über Landesgrenzen hinweg erstrecken kann. Digitale Gemeinschaften schießen überall wie Pilze aus dem Boden, seit die Welt online ist. Egal wie groß oder umfangreich Ihre Gemeinschaft auch sein mag, die Guerillaregel bleibt bestehen: Tun Sie für andere, was andere von Ihnen erwarten. Als Teil der Gemeinschaft hoffen sie auf Ihre Unterstützung, nicht auf Unterhaltung.

13

Guerillas haben eine weitere Erkenntnis verinnerlicht: Je mehr sie geben, desto mehr bekommen sie auch. Aus diesem Grunde engagieren sie sich so bereitwillig in ihrer Gemeinschaft und helfen mit Energie und Enthusiasmus. Ihre Bereitwilligkeit zu geben öffnet ihnen die Türen, durch die sie nehmen können. Sie haben ein Auge für Dinge, die sie kostenlos abgeben können, und sind bekannt für ihre Großzügigkeit – mit Informationen, Ratschlägen, Zeit, ja sogar Geschenken.

Denken Sie darüber nach, was Sie in Ihrem Unternehmen geben können. Es können Faltblätter sein, in denen Ihre Kunden Tipps und Ratschläge finden. Vielleicht können Sie Seminare anbieten oder praktischen Unterricht in Ihrem Tätigkeitsfeld erteilen. Sie könnten einen kostenlosen Lieferdienst, kostenlose Installationsarbeiten oder einen kostenlosen Kundendienst in den ersten dreißig Tagen anbieten. Einige Tankstellen waschen Ihr Auto gratis, in manchen Restaurants wird der Kaffee nachgefüllt, ohne dass Sie dafür bezahlen müssen, und manch ein Videoverleih bietet längere Leihfristen für den gleichen Preis an.

Die Kunden werden von Firmen, die Kleinigkeiten kostenlos anbieten, magisch angezogen, während sie zu solchen, die immer nur zu nehmen scheinen, größtmögliche Distanz wahren. Wenn Sie einmal begonnen haben, darüber nachzudenken, was Sie geben können, richtet sich Ihre Aufmerksamkeit automatisch auf die Bedürfnisse der Kunden. Sie überlegen dann, wie Sie sie weiterhin zufrieden stellen können, wie Sie mit ihnen in Kontakt bleiben, wie Sie Ihnen Wissen mit Hilfe eines Rundschreibens – oder Ihres Kata loges – vermitteln können. Sie denken darüber nach, was Sie für sie tun können, und Ihre Kunden spüren Ihre positive Einstellung. Sie mögen Sie. Sie glauben an Sie. Sie vertrauen Ihnen. Warum auch nicht? Sie scheinen nicht nur Ihre eigenen Wünsche im Kopf zu haben, sondern auch die Ihrer Kunden.

Guerilla-Unternehmen verwenden Fragebögen, um herauszufinden, was Kunden und potenzielle Kunden wollen und brauchen. Sie sind immer offen für die neuesten Werbegeschenke, weil sie wissen, dass jeder Mensch kleine Geschenke liebt und dass die meisten dieser Artikel nur Pfennige kosten.

In einem Zeitalter, in dem Informationen mehr gelten als je zuvor, wissen Guerillas den Wert von Informationen und ihrer Verbreitung zu schätzen. Sie verwöhnen Ihre Kunden mit kostenlosen Informationen in Form von Seminaren, Videobändern, Audiocassetten, Flugblättern, Büchern, Disketten und Online-Angeboten in unzähligen Variationen. Je kreativer Sie in Ihrer Großzügigkeit werden, desto größer ist die Wahrscheinlichkeit, dass sie sich für Sie in barer Münze auszahlt.

Wenn Sie bereit sind, Ihren Kunden und potenziellen Kunden kleine Geschenke zu machen, dann werden sie ihrerseits in Erwägung ziehen, für den Rest ihres Lebens Ihre Kunden zu sein.

14

Zu den wertvollsten Dingen, die Guerillas kostenfrei abgeben können, gehören Beratungen. Das sind die besten Türöffner. Indem Sie Beratungen anbieten, bieten Sie Ihrem möglichen Kunden einfach und ohne Risiko die Gelegenheit, festzustellen, ob Sie über das Fachwissen verfügen, dass er für wünschenswert hält. Kostenfreie Beratungen gewinnen Kunden, weil sie von Ihrem Fachwissen überzeugt sind, nicht, weil Sie ein so guter Kaufmann sind.

Wenn Sie Gratisberatungen anbieten, setzen Sie sich einen begrenzten Zeitrahmen. Offerieren Sie sie so, dass man sie mit Leichtigkeit annehmen kann. Eine Beratung, die nicht länger als eine Stunde dauert, zeigt den Kunden, dass sie mit Ihnen nicht unnötig Zeit verschwenden werden, und auch Sie selbst werden Zeit sparen.

Stellen Sie während des Beratungsgespräches Fragen, schenken Sie den Antworten besondere Aufmerksamkeit und tun Sie dann alles, um Ihren Kunden zu helfen. Fragen Sie intensiv nach, um ihre Probleme zu verstehen, und versuchen Sie aufrichtig, sie zu lösen. Vergessen Sie in dieser Stunde sich selbst und widmen Sie sich so weit wie möglich Ihrem Kunden. Sorgen Sie sich nicht darum, dass Sie in dieser Stunde Ihr Geschäft verschenken. Wenn das möglich wäre, dann ist es nicht so viel wert, wie Sie glauben.

Am Ende dieser Stunde (oder Viertelstunde oder des von Ihnen gewählten Zeitraumes) kündigen Sie das Ende des Beratungsgespräches an. Schließlich haben Sie das vereinbart. Wenn der Kunde weiterreden will und wenn Sie ihm weiterhin helfen wollen, ist das natürlich in Ordnung. Aber dennoch ist es an Ihnen, das Beratungsgespräch zum Abschluss zu bringen, wenn die Zeit verstrichen ist, die Sie vorgesehen hatten. Idealerweise sollten Sie lernen, wie Sie Ihren Wert innerhalb dieser Beratungsdauer unter Beweis stellen.

Nachdem die Beratung vorbei ist, können Sie alle erforderlichen Maßnahmen ergreifen, damit aus Ihrem potenziellen Kunden ein Kunde wird. Wenn Ihre Beratung gut verlaufen ist, sollte das nicht allzu schwierig sein. Wenn Sie deutliche Kommunikationsverläufe aufzeigen, wird sich eine Eigendynamik entwickeln.

Welche Unternehmen sollten kostenfreie Beratertätigkeiten anbieten? Die Frage sollte besser lauten: Welche Unternehmen sollten es nicht tun? Vom Friseur bis zur Rechtsanwältin, von der produzierenden Industrie bis zum Einzelhändler, vom Dienstleistungsunternehmen bis zur Reparaturwerkstatt kann fast jedes Unternehmen neue Kunden gewinnen, indem es kostenlose Beratungen anbietet, weil eine solche Beratung voller Wert und voller Hoffnung auf neue Informationen ist, dabei jedoch risikolos für den potenziellen Kunden. Die Mehrheit der Leute, die dieses Angebot annehmen, wird zu den verheißungsvollsten Kunden werden.

Sie können kostenlose Beratungen mit Hilfe von Werbung, Direct Mail, Telefonmarketing, Prospekten, Schildern oder aber online anbieten – an einer Vielzahl von Standorten. Eine kostenlose Beratung ist ein machtvolles, aber preisgünstiges Marketingwerkzeug, das Sie mit zunehmender Qualifikation einsetzen können. Unterschätzen Sie niemals den Wert eines kostenlosen, persönlichen Beratungsgespräches.

15

Auch wenn ein Prospekt allein nicht ausreicht, um Ihren Marketingplan zu erfüllen, so halten Sie damit doch ein Medium in der Hand, das Sie Ihrem Ziel wesentlich kostengünstiger näher bringen kann als die meisten anderen Marketinginstrumente. *Prospekte sollten für ernsthaft interessierte Kunden gemacht werden und die Informationen enthalten, nach denen diese verlangen.*

Mit wenigen Ausnahmen verteilen Guerillas ihre Prospekte nur an Interessenten, die um schriftliche Informationen gebeten haben.

Prospekte müssen jedoch nicht unbedingt gedruckt sein, sie können auch in Form von Video- oder Audiocassetten vorliegen. Die Werbung dafür erfolgt in so vielen Medien, wie Sie es sich leisten können. Guerillas geben sie jedem, der sie haben will, außer Nichtinteressierten, Nichtkunden und der Öffentlichkeit.

Ein Prospekt soll ein Medium sein, das alle Details über Ihr Unternehmen enthält. Diese Details über die üblichen Massenmedien zu verbreiten verbieten allein schon die horrenden Kosten – dafür müssten Sie ganzseitige Zeitungsanzeigen, doppelseitige Anzeigen in Zeitschriften, zehnminütige Werbespots im Fernsehen oder fünfzehnminütige Beiträge im Rundfunk schalten.

Wer interessiert sich für all diese Details? Wirklich interessierte zukünftige Kunden tun es. Nichts schreckt sie mehr als ein Fehlkauf. Deshalb versuchen sie, so viel wie möglich zu erfahren, bevor sie sich von ihrem kostbaren Geld trennen. Und solange nicht jeder Ihrer zukünftigen Kunden online ist und alle Guerillas ihre Prospekte ins Internet stellen, erfahren Ihre zukünftigen Kunden die Details über Ihr Unternehmen aus den Prospekten, die sie telefonisch oder schriftlich bei Ihnen anfordern. Je mehr Details, Merkmale und Vorteile, je mehr Referenzen und Garantiebezeugungen Ihr Prospekt enthält, desto größer wird die Chance sein, dass ein Interessent sich zum Kauf entscheidet.

Guerillas haben erkannt, dass ein Prospekt, der alle Fakten enthält und für die breite Öffentlichkeit bestimmt ist, für Nichtinteressierte langweilig ist, auch wenn er äußerlich noch so schön sein sollte. Wenn Sie diesen Prospekt jedoch an wirkliche Interessenten schicken, ist er selbst dann noch faszinierend, wenn er auf den ersten Blick schäbig wirkt.

Wenn Sie einen Prospekt erstellen, und das ist mit der heute verfügbaren Software leichter denn je, denken Sie an die folgenden Punkte:

- Versuchen Sie, das Ende Ihres Prospektes für den Verkaufsabschluss zu nutzen. Ein Prospekt sollte die potenziellen Kunden den gesamten Weg bis zur Auftragserteilung begleiten. Schließlich haben Sie es vor allem auf diese Phase abgesehen.
- Gestalten Sie Ihren Prospekt visuell ansprechend. Verwenden Sie Fotos oder Illustrationen, Diagramme oder sogar Cartoons, um Ihren Interessenten zu vermitteln, welche Vorzüge sie von Ihnen erwarten können.
- Sie müssen sich nicht kurz fassen. Ein Prospekt kann so viele Informationen enthalten, wie Sie für erforderlich halten. Wenn der Text lang ist, unterbrechen Sie ihn durch Absatzüberschriften.
- Die Botschaft, die Ihr Prospekt vermittelt, sollte so zeitlos wie möglich sein. Verfassen Sie den Text so, als würden Sie ihn erst in drei Jahren schreiben. Ist er zu diesem Zeitpunkt noch angemessen? Guerillas tun nichts lieber als Prospekte zu drucken, aber sie verzichten auch gern darauf, sie zu überarbeiten und neu zu drucken.

16

Guerillas wissen, dass sie eine ungemeine Feuerkraft erlangen können, indem sie als Experten anerkannt werden. Guerillas wissen, dass sie *mit ihrem Fachwissen großzügig umgehen und als Autorität in ihrem Fachgebiet anerkannt sein sollten.*

Wie können Sie das Wissen anbieten, mit dem Sie Kunden gewinnen, Glaubwürdigkeit erlangen und Gewinne erzielen können? Dafür gibt es heute mehr Möglichkeiten als je zuvor. Beginnen wir mit fünf Alternativen.

1. Schreiben Sie eine Kolumne für die lokale Tageszeitung, für eine Fachzeitschrift oder verfassen Sie einen Rundbrief, den Ihre Kunden lesen. Verlangen Sie dafür kein Honorar, setzen Sie nur durch, dass Sie mit Ihrem Firmennamen, Ihrer Telefonnummer und Ihrer Internetadresse genannt werden. Versuchen Sie, einen Absatz im Text unterzubringen, in dem Sie Werbung für sich machen.
2. Sie haben keine Zeit für eine regelmäßige Kolumne? Kein Problem. Schreiben Sie einen Artikel. Verlangen Sie auch in diesem Fall kein Honorar, nutzen Sie den Artikel jedoch, um ausgiebig Werbung für Ihre Firma zu machen. Machen Sie es den Lesern leicht, Sie zu finden. Wenn diese Kolumnen und Artikel erscheinen, lassen Sie Sonderdrucke in ausreichender Anzahl anfertigen, um sie in Zukunft in Ihren Mailings und Werbemappen verwenden zu können.
3. Bieten Sie an, einen Vortrag zu halten, sei es auf lokalen Veranstaltungen, sei es auf Fachkongressen oder in der Erwachsenen-

bildung. Wenn Sie reden können, ohne etwas zu verkaufen, und nebenbei wichtige Informationen vermitteln können, wird das Ihre Glaubwürdigkeit ungemein stärken.

4. Veröffentlichen Sie online eine Kolumne. Wenn Sie glauben, dass für Veranstaltungen und Kongresse immer Redner gesucht werden, dann warten Sie nur, bis Sie sehen, wie begierig das Internet auf Inhalte ist. Wenn es Ihnen gelingt, täglich, wöchentlich oder monatlich eine Internetkolumne zusammenzustellen, die Ihre Interessenten problemlos finden und lesen können, dann sind Sie im Guerilla-Schlaraffenland. Stellen Sie Ihre Kolumne mit Hilfe eines großen Online-Dienstes ins Internet, publizieren Sie in einer Newsgroup oder auf einer der vielen Websites, auf denen man Sie gerne haben möchte.
5. Wenn Sie über wirklich hilfreiche Informationen verfügen, fragen Sie einen Online-Anbieter, ob Sie Host einer Online-Konferenz sein könnten. Vergessen Sie nicht – diese Konferenz dient Ihnen nicht als Plattform für eine Verkaufsveranstaltung. Aber es ist eine hervorragende Chance, um Ihr Fachwissen unter Beweis zu stellen und langfristige Kontakte herzustellen.

Sie können eine Transkription Ihrer Konferenz anfertigen und ausdrucken, um die Informationen in anderen Marketingmaterialien wieder einzusetzen. Selbst zehn Jahre später wird dieses Engagement Ihrer Glaubwürdigkeit noch zugute kommen. Aktualität und Zeitlosigkeit sind Merkmale der Guerillas.

Diese Methoden ermöglichen es Ihnen, für viele Menschen gleichzeitig zu einer Autorität zu werden. Sie müssen dafür nicht einen Pfennig ausgeben, sondern lediglich Ihre Zeit, Energie und Phantasie einsetzen. Es gibt viele andere Methoden, zum Beispiel die Veröffentlichung eines Rundschreibens, die Moderation einer lokalen Rundfunk- oder Fernsehsendung oder die Teilnahme an Sendungen im Lokal- oder Regionalfernsehen als Experte. So können Sie sich als Guerilla beweisen, ohne dafür bezahlen zu müssen. Alle Guerilla-Waffenarsenale sind mit Plänen ausgestattet, mit denen sich nicht nur Glaubwürdigkeit, sondern auch das gewünschte Ergebnis in der Gewinn- und Verlustrechnung erzielen lässt.

17

Referenzen sind eines der am häufigsten übersehenen Marketinginstrumente. Die Kosten eines aktiven Referenzprogramms sind winzig im Vergleich zu dem Gewinnpotenzial, das ein solches Programm mit sich bringen kann. Guerillas wissen, dass ihre wichtigste Quelle, um neue Kunden zu gewinnen, ihre jetzigen oder früheren Kunden sind. Die beste Art und Weise, um die Namen neuer Kunden von alten Kunden zu bekommen? Fragen Sie sie einfach.

Wie es sich für einen Guerilla gehört, sind Sie in Kontakt geblieben, Ihre Kunden wünschen Ihnen den Erfolg und werden Ihnen bereitwillig auf Ihre Bitte hin – sagen wir – drei Namen nennen. Fragen Sie nach ihnen, legen Sie einen frankierten Rückumschlag bei, und Sie werden schon bald sehen, dass diese Taktik bares Geld wert ist. Es gibt noch weitere Möglichkeiten, die enorme Macht der Referenzen auszuspielen:

- Identifizieren Sie die Kunden, die Ihnen potenzielle Kunden empfehlen können. Listen Sie alle Personen auf, mit denen Sie in den vergangenen drei Jahren zusammengearbeitet haben und alle, die Sie gut kennen.
- Notieren Sie auf Ihrer Liste, was der Kunde, der die Empfehlung ausspricht, Ihrer Meinung nach leisten sollte. Es gibt mehr als eine Art von Referenzen: Sie können ihren Namen nennen, sie bitten, Empfehlungsanrufe für Sie zu führen oder aber Ihnen schriftlich zu geben, dass sie mit Ihnen zufrieden waren. Entscheiden Sie sich für eine Variante. Denken Sie insbesondere darüber nach, was frühere Kunden über Sie sagen sollten. Sie wer-

den erstaunt sein angesichts ihrer Bereitschaft, genau das zu sagen, was Sie sich vorstellen.

- Fragen Sie höflich nach. Eine höfliche Anfrage führt zu guten Referenzen. Jeder hat Verständnis für die Notwendigkeit von Geschäftsempfehlungen. Es ist sinnvoll, danach zu fragen. Wenn Sie es richtig machen, werden die meisten Leute Ihnen für Ihre Arbeit Beifall spenden.
- Bitten Sie darum, den Namen nennen zu dürfen. Als Erstes rufen Sie an und fragen den Kunden, der Ihre Referenz sein soll, ob Sie seinen Namen nennen dürfen – entweder im Gespräch mit Interessenten oder aber in Ihrem Firmenprospekt. Lassen Sie ihm auch die Chance, nein zu sagen.
- Bitten Sie um telefonische Referenzen. Sie können an der Stimme eines Menschen erkennen, ob seine Empfehlung sich positiv für Sie auswirken wird. Wenn Ihre Kunden Ihnen gestatten, ihre Namen als Referenz zu nennen, fragen Sie sie, ob sie auch telefonisch erreichbar wären, um die Qualität Ihrer Arbeit zu bestätigen. Stellen Sie eine Reihe von Kunden zusammen, die sich sehr positiv über Sie äußern werden, wenn man sie anruft.
- Fragen Sie nach einem Brief. Wenn die telefonische Empfehlung besser ist als der Durchschnitt, bitten Sie Ihren Kunden darum, diese Empfehlung festzuhalten. Sagen Sie Ihrem Kunden, dass einige wenige Worte völlig ausreichend sind, zum Beispiel: »Ms. Atwoods Leistungen waren wirklich herausragend. Wir beabsichtigen, sie in 90 Prozent unserer zukünftigen Aufträge zu berücksichtigen.«

Warum geben die Leute nicht mehr Geschäftsempfehlungen? Weil sie Angst haben, dass Sie einmal nicht so gute Arbeit leisten und man ihnen die Schuld in die Schuhe schieben wird. Guerillas bleiben am Ball und sorgen dafür, dass sie ständig neue Kunden bekommen, weil sie wissen, dass sie aus den folgenden Gründen auch ständig Kunden verlieren:

1 Prozent der Kunden stirbt

3 Prozent ziehen weg

5 Prozent entscheiden sich für andere Geschäftsbeziehungen

9 Prozent wechseln aus Wettbewerbsgründen

14 Prozent sind mit dem Produkt
oder der Dienstleistung nicht zufrieden

68 Prozent verlassen Sie, weil ein Angestellter
einen Fehler gemacht hat

Der Weg, um mit diesen unabänderlichen Gegebenheiten umzugehen? Ein Programm für Geschäftsempfehlungen, das aktiv, lebendig, ständig genutzt und Teil der Art und Weise ist, wie Sie Ihr Unternehmen führen.

18

Wenn Sie in Guerilla-Angelegenheiten auf dem Laufenden geblieben sind, dann werden Sie festgestellt haben, wie viele Unternehmen sich zusammengeschlossen haben, um gemeinsame Marketingprojekte zu verfolgen. Sie teilen sich die Kosten für besondere Veranstaltungen, für Fernsehwerbespots, gedruckte Anzeigen und Direct Marketing und legen dabei eine überzeugende Kooperations- und Hilfsbereitschaft an den Tag. Die Bezeichnung für dieses langlebige Phänomen lautet Marketingfusion. Und in einer Zeit erbitterten Wettbewerbs wissen weitsichtige Unternehmer, dass sie auf Partnerschaften angewiesen sind, wenn sie nicht untergehen wollen.

Marketingfusionen erlauben Ihnen, die Reichweite Ihrer Marketingmaßnahmen und die Häufigkeit, mit der sie in Erscheinung treten, zu erhöhen. Sie können es sich leisten, weil Sie sich die Kosten mit anderen teilen. Ihre Partner machen Werbung für Ihr Unternehmen, Sie tun das Gleiche für Ihre Partner. Ihre Partner erwähnen Ihr Unternehmen in ihren Geschäftsverhandlungen und machen es Ihnen leicht, auch den Namen Ihrer Partner zu erwähnen. Ihre Partner nennen Ihren Namen in ihren Firmenprospekten. Sie erwähnen den Ihrer Partner in Ihrem Prospekt. Jeder profitiert davon, besonders die Kunden, die gelernt haben, Ihnen zu trauen.

Die zugrunde liegende Idee ist, einen Augenblick lang nicht an Konkurrenz zu denken, sondern *sich auf die Kooperation zu konzentrieren*. Denken Sie darüber nach, mit welchen Unternehmen Sie zusammenarbeiten können, sodass beide Beteiligten davon profitieren. Die Wahl sollte selbstverständlich auf solche Firmen fallen, die den gleichen Kundenkreis haben wie Sie selbst. Es gibt sogar

Unternehmen, die so genannte »leads clubs« gründen. In diesen Clubs teilen sich Unternehmen mit den gleichen Kundenkreisen am Ende eines jeden Monats ihre Verkaufskontakte. Auf diese Weise sinken die Marketingkosten, mit dem Ergebnis, dass die Gewinne steigen.

Sehen Sie sich nach Unternehmen um, die die Lücken in ihrem Angebot ausgleichen können, indem sie sie durch Leistungen Ihres Unternehmens ergänzen. Restaurants, die selbst nicht ausliefern, gehen üblicherweise Partnerschaften mit Lieferdiensten ein. Tankstellen ohne Autowaschanlage finden Partner in nahe gelegenen Waschanlagen. Videorecorderanbieter suchen nach Anbietern von Videobändern. Für Fotostudios sind Bilderrahmenwerkstätten ein idealer Partner. Notare gehen mit Rechtsanwälten zusammen, Kreativberater mit Medienberatern. Verstehen Sie, was ich meine?

Im Internet finden Sie überall Partner. Und Sie werden feststellen, dass die cleversten von ihnen über Links im gesamten Internet verfügen. Sie haben Links zu anderen Homepages, die wiederum Links zurück zu ihnen anbieten. Die Marketingfusionspartner profitieren davon. Die Internetsurfer profitieren davon. Und das Unternehmen, das weniger Geld benötigt, um seine Produkte zu vermarkten, kann sich stärker auf Qualität und Service konzentrieren. Dadurch profitiert die ganze Welt davon.

Für diese auf gegenseitige Hilfe ausgerichtete Gesellschaft gibt es zahlreiche moderne Bezeichnungen: Co-Marketing, Tie-ins, Collaborate Marketing. Aber das Konzept geht wahrscheinlich schon auf die Zeit zurück, in der der Höhlenmensch seine Felle von Höhle zu Höhle schleppte, um sie feilzubieten. Sein Nachbar hat ihm womöglich gesagt: »Sag ihnen, wie gut meine Nüsse und Beeren sind, wenn du die Höhlen abklapperst. Ich erzähle dann, wie gut deine Felle sind.«

19

Werbeanzeigen sind von allen Marketingformen am auffälligsten, werden gleichzeitig aber von den Firmeninhabern am häufigsten missverstanden. Wenn sie Werbeanzeigen schalten, meinen sie, das sei Marketing. Aber die Wahrheit ist: Wenn Sie Werbeanzeigen schalten, dann schalten Sie Werbeanzeigen. Und sonst nichts. Es gibt 100 Marketingwerkzeuge, und Werbeanzeigen zu schalten ist nur eine davon. Es ist wahrscheinlich auch die teuerste und die am häufigsten missbrauchte.

Guerillas wissen, dass *Werbung nur das Sahnehäubchen ist. Die anderen Marketinginstrumente sind der Kuchen.* Die meisten Ihrer Kunden sind mit dem Sahnehäubchen allein nicht zufrieden. So köstlich es auch sein mag, ohne Kuchen ist es nicht viel.

Erst wenn die anderen Teile des Marketingprozesses gebacken und servierfertig sind, sollten Sie sich um die Sahnedekoration kümmern. Vergewissern Sie sich, dass Ihre Verkäufer geschult sind, dass Anrufe angemessen beantwortet werden, dass Ihr Referenzsystem funktioniert, dass Ihre Beschilderung deutlich ist, dass Ihre Auswahl auf dem besten Stand ist, dass Ihre Mitarbeiter wissen, wie sie den Umsatz steigern können. Solche Details müssen beachtet werden, bevor die Werbung beginnt.

Wenn sie dann läuft, werden die Verkäufer besser arbeiten, weil sie dann mit wirklichen Interessenten reden können. Ihre Mailings werden erfolgreicher sein; Ihr Telefonmarketing wird lebendig werden, weil die Leute schon von Ihnen gehört haben. Ihr Referenzprogramm wird nicht länger nur eine gute Idee sein, sondern sich zur Geldmaschine entwickeln. Sie werden sogar Dinge verkaufen, für die Sie gar nicht geworben haben, Produkte, die Interessenten kennen gelernt haben, weil sie Sie aufgesucht oder kontaktiert haben.

Werbung allein ist normalerweise ineffektiv. Wenn Sie sie zusätzlich zu Ihrem Arsenal einsetzen, bekommt sie jedoch eine ganz neue Bedeutung und wird in den Händen eines erfahrenen Guerillas zur treffsichersten Waffe. Sie wird wirksamer als jede andere Marketingwaffe. Das größte Problem der Werbung ist nicht die Werbung an sich, sondern die Werbeleute, die nicht wissen, was Werbung leisten kann und was nicht. Zweimal in meinem Leben habe ich etwas nur aufgrund der Werbung gekauft, direkt nachdem ich die Werbung gesehen hatte. In allen anderen Fällen hat es sehr lange gedauert, bis die Werbung ihre Wirkung gezeigt hat.

Das Gleiche gilt für Ihre Interessenten. Normalerweise kaufen sie Produkte oder Dienstleistungen nicht als sofortige Reaktion auf die Werbung. Sie kaufen die Dinge irgendwann. Die meisten Werbeleute verstehen das nicht und vermuten, dass ihre Werbung falsch konzipiert war oder in den falschen Medien platziert wurde, wenn sie nicht augenblicklich Ergebnisse liefert. Sie ziehen ihre Anzeigen zurück und schreiben ihre Investitionen in den Wind; sie glauben, dass sich Werbeanzeigen für sie nicht auszahlen. Werbung verändert die Einstellung der Leute nur allmählich. Sie kann nicht unverzüglich Wunder vollbringen. Mensch! Ich bin froh, dass Ihnen das jetzt klar ist. Der Gedanke an einen Guerilla, der auch nur einen Pfennig verschwendet, ist unerträglich für mich.

20

Wie können Sie einen Guerilla von einem Nichtguerilla unterscheiden? Der Nichtguerilla denkt, der Marketingprozess sei vorbei, sobald der Verkauf abgeschlossen wurde. Der Guerilla dagegen weiß, dass die Marketingaktivitäten jetzt eigentlich erst beginnen. Er hat vielleicht mit diesem einen Verkauf nicht allzu viel Geld verdient, aber langfristig wird er ganze Wagenladungen verdienen – ganz einfach, weil er sich der außerordentlichen Wirkung der Kundenkontaktpflege bewusst ist. Wissen Sie, wie man Guerillas noch nennt? Kundenkontaktpfleger.

Was genau bedeutet Kundenkontaktpflege für einen Guerilla? Es bedeutet, zuzuhören, was der Kunde sagt, wenn der Verkauf beendet ist. Es bedeutet, dass Sie dem Kunden eine Kleinigkeit geben, die über den Wert der Transaktion hinausgeht, zum Beispiel ein kleines Geschenk, das einen Bezug zum Kauf hat, Garantieleistungen, einen wertvollen Rat, Insiderinformationen, etwas, was der Kunde nicht gekauft und nicht erwartet hat. Nennen Sie es Mehrwert, wenn Sie wollen. Sie kaufen ein Bett bei meinem Freund Michael und er schenkt Ihnen einen Satz Bettwäsche, nachdem Sie den Kauf getätigt haben. Ist das der Grund, warum seine Firma von Jahr zu Jahr mehr Gewinne macht? Denken Sie mal drüber nach!

Für einen Guerilla bedeutet Kundenkontaktpflege, den Kontakt zu den Kunden aufrechtzuerhalten. Nichts ist wichtiger. Fast 70 Prozent aller Geschäfte gehen nicht deshalb verloren, weil die Qualität oder der Service schlecht waren, sondern weil die Kunden nach dem Kauf ignoriert wurden. Guerillas halten den Kontakt zum Kunden, und dies geschieht mit aufrichtiger Sorge und mit Interesse. Sie setzen eine Reihe von Werkzeugen zur Kundenkontaktpflege ein, die alle auf Informationen über den Kunden basieren. Das sind zum Beispiel kurze Dankschreiben an den Kunden nach dem Kauf, Telefonanrufe, um herauszufinden, ob der Kunde irgendwelche Fragen hat, ein Mailing, mit dem auf ein neues Produkt oder eine neue Dienstleistung hingewiesen wird, die mit dem Produkt oder der Dienstleistung in Verbindung stehen, die der Kunde erworben hat, ein Rundschreiben, Einladungen zu Stammkundentreffen, Vorabinformationen über Sonderangebote oder neue Dienstleistungen, Glückwunschschreiben zum Geburtstag der Kunden oder zum Jahrestag des ersten Kaufes, Fragebögen oder Briefe, um nach Namen von Freunden und Bekannten zu fragen, die auch auf der Mailingliste stehen sollten. Eine nicht enden wollende Liste, ebenso wie die Kundenkontaktpflege nie aufhören sollte.

Kunden zeigen sich erkenntlich, indem sie wiederholt bei Ihnen einkaufen, indem sie Ihnen andere Kunden vermitteln, indem sie lang andauernde Beziehungen mit Ihrem Unternehmen eingehen, ja sogar, indem sie Ihnen mögliche Partner für Kooperationen empfehlen. Mit Guerilla-Kundenkontaktpflege bewirken Sie, dass Ihr Unternehmen zu einem Teil der Identität des Kunden wird. Damit unterscheiden Sie sich von den meisten anderen Unternehmen in Ihrer Stadt – ja sogar dieser Welt.

Kapitel Vier

Die Medien

21

Alle Medien, die Ihnen zur Verfügung stehen, haben besondere Stärken und Schwächen. Die Art und Weise, wie Sie Ihre Botschaft vermitteln, sollte sich deshalb von Medium zu Medium unterscheiden. Wenn Sie sich nicht voll und ganz auf die Kraft des Mediums verlassen, in dem Sie Ihre Marketingaktivitäten betreiben, ist Ihr Geld unter Umständen zum Fenster hinausgeworfen. Einige Dinge verändern sich schneller als die Medien, und Guerillas wissen, dass sie an Boden verlieren, wenn Sie nicht ständig auf dem neuesten Stand bleiben. Die Medien öffnen sich immer mehr auch den kleineren Unternehmen. Winzige Firmen, die bisher noch nicht einmal davon träumen konnten, sich eine Kampagne im Fernsehen leisten zu können, entdecken, dass die Werbezeiten im Kabelfernsehen einigermaßen erschwinglich sind. Diejenigen, die glaubten, dass Werbung in einer großen Zeitschrift eine schöne Phantasie sei, stellen erfreut fest, dass die Kosten in den regionalen Ausgaben desselben Magazins niedrig sind. Die Kosten fallen, und die Medien werden immer hungriger, weil sie die Konkurrenz des Internets fürchten. Die ersten, die davon profitieren, sind die kleinen Unternehmen – besonders die Guerillas.

Unternehmen, die früher kaum einen Gedanken an Kleinanzeigen verschwendeten, betrachten diese nun als wirtschaftlichen Weg, um sorgfältig anvisierte potenzielle Kunden zu erreichen. Ein Grund dafür, dass das Internet für Guerillas so wertvoll ist, ist einfach die große Zahl an Kleinanzeigen – und viele davon sind völlig kostenfrei zu platzieren. Zusätzlich erscheinen Jahr für Jahr neue Rubriken im Kleinanzeigenteil der Printmedien. »Internet-Beratung«, »Telefonzubehör«, »Personal Computer«, »Konkursabwicklung« und »Beschäftigungsalternativen« sind nur einige der vielen, die unbegrenzt potenzielle Käufer mit einem begrenzten Budget erreichen. Online gibt es Hunderte mehr. *Das Internet eröffnet Guerillas mehr Möglichkeiten denn je.*

Viele Magazine, die einmal Kleinanzeigen verachteten, bringen nun auf ihren letzten Seiten Kleinanzeigenteile groß heraus. Untersuchungen haben gezeigt, dass beispielsweise 61 Prozent der US-Amerikaner die Magazine von hinten nach vorn lesen, eine übermäßig hohe Leserschaft für eine relativ geringe Investition. Guerillas können den Lesern auf diese Weise wichtige Daten in Aussicht stellen und ihnen zudem das verlockende Angebot einer kostenlosen Broschüre unterbreiten.

Guerillas kennen die geballte Kraft einer Headline, fassen alle ihre Mitteilungen in Kleinanzeigen wie Schlagzeilen ab und präsentieren ihre Angebote überzeugend und klar. Einige nutzen die Kleinanzeige als einen ersten Schritt eines fortlaufenden Prozesses; andere versuchen mit einer Anzeige direkt einen Verkauf abzuschließen. Beide Taktiken funktionieren, wenn sie auf der Einsicht beruhen, dass Kleinanzeigen von den heißesten aller heißen potenziellen Kunden gelesen werden. Das Arsenal eines Guerillas ist eben randvoll mit großen und mit kleinen Waffen. Kleinanzeigen sind winzig, können aber einen großen Einfluss auf die Profite haben. Sie sind es heute mehr denn je wert, von Ihnen in Betracht gezogen zu werden.

22

Das Fernsehen ist immer noch der König des Marketings. Es befähigt Sie, sowohl emotional als auch rational orientierte Menschen zu erreichen, Ihre Geschichte visuell und verbal zu präsentieren, ihr mit Musik einen emotionalen Anstrich zu geben, Produktdemonstrationen durchzuführen, grafische Vorher-Nachher-Präsentationen zu zeigen und Ihr genau anvisiertes Publikum direkt zu Hause zu erreichen. Fernsehen stand einmal nur Unternehmen mit vollen Taschen zur Verfügung. Heute ist es auch für diejenigen offen, die verstanden haben, worum es geht.

Fernsehen ist ein *visuelles* Medium – 70 Prozent der Zuschauer schalten bei Werbespots den Ton ab. Und deshalb erzählen Guerillas ihre Geschichte visuell. Machen Sie sich nicht vom Ton abhängig. Statt teure Talente anzuheuern, sollten Sie sich auf die Wirkung einer brillanten Idee verlassen.

Ein Werbespot muss keineswegs teuer sein, wenn die Idee nur aussagekräftig ist und der Werber sich auf sie verlässt statt auf ausgefallene Spezialeffekte. Fernsehgesellschaften unterweisen Guerillas gern darin, wie sie die Produktionskosten senken und gleichzeitig die Rückläufe eines Spots erhöhen können. Guerillas verwenden straffe Skripts und proben ernsthaft; sie produzieren zuerst den Soundtrack und nehmen dann darauf abgestimmt stumme Filmmeter auf; und sie produzieren verschiedene Spots zur gleichen Zeit. Und ich spreche hier nicht von Spots, die billig wirken; ich meine Spots, die teuer aussehen, ohne viel Geld gekostet zu haben. Der Topf ist größer als je zuvor und der Einsatz ist kleiner.

23

So wie das Kino entgegen allen Erwartungen nicht untergegangen ist, ist auch das Radio mit der Verbreitung des Fernsehens nicht verschwunden. *Der Rundfunk ist populärer, besser und auch wirkungsvoller als jemals zuvor.*

Guerillas können ihr Publikum punktgenau anvisieren, wenn sie das Radio einsetzen. Ganz gleich ob das Zielpublikum Teenager, Bevölkerungsgruppen türkischer Herkunft, Sportfans, Journalisten, Autofahrer oder Frauen zwischen 34 und 45 Jahren sind, es gibt einen Radiosender, der genau für diese Menschen sein Programm ausstrahlt. Viele Hörer identifizieren sich stark mit ihrem Radiosender, und damit haben die Moderatoren einen erheblichen Einfluss auf die Meinungsbildung ihrer Hörer.

Jeder Guerilla, der Rundfunkwerbung schaltet, unterteilt die Radiosender in zwei Kategorien – zum einen das Wortradio, das aktives Zuhören erfordert und in dem fast ausschließlich Wortbeiträge über politische, gesellschaftliche und kulturelle Themen gesendet werden, zum anderen auf Unterhaltung ausgerichtete Sender, in denen die Musik – von Schlagern über Popmusik bis hin zur Klassik – im Vordergrund steht, sodass nur passives Zuhören erforderlich ist.

Das Wichtigste für den Erfolg eines Werbespots im Rundfunk ist die Wiederholung des Firmennamens, des wichtigsten Vorteils und schließlich auch des gesamten Werbespots. Er muss mehrmals täglich, mehrmals pro Woche, mindestens in drei von vier Wochen und insgesamt das ganze Jahr hindurch oder wenigstens in der wichtigsten Verkaufssaison gesendet werden.

Einige Menschen meinen, Humor sei entscheidend für den Erfolg eines Spots im Radio. Ich habe vielmehr den Eindruck, dass Humor dazu führt, dass man Sie sehr schnell wieder vergisst, wenn Sie darüber hinaus auf Wiederholung setzen. Es gibt Erfolgversprechenderes als einen Witz, der endlos wiederholt wird. Besonders wirksam sind Jingles, vor allem, wenn sie das Musikgenre des Senders aufgreifen. Ich war daran beteiligt, als der erste Rock'n'Roll-Werbespot von einem Rock'n'Roll-Radiosender ausgestrahlt wurde, und ich weiß, dass die Verkäufe während der Dauer der Kampagne im wahrsten Sinne des Wortes rockten und rollten. Heute sind Rock'n'Roll-Werbespots Standardkost in allen Sendern, die diese Art von Musik spielen.

Die Kosten für Rundfunkwerbespots sind extrem niedrig, wenn Sie bedenken, wie viele Mitglieder Ihres Zielpublikums Sie immer und immer wieder erreichen. Kein anderes Medium erlaubt eine solche Kosten-Nutzen-Relation.

24

Wenn Sie Ihr Produkt oder Ihre Dienstleistung über den Einzelhandel vertreiben, sollten Sie Ihre Botschaft auch auf einem Schild, einem Plakat oder einem Aufsteller vermitteln, um das Medium, das Sie benutzen, zum Beispiel Radio, Fernsehen oder Website, zu ergänzen.

Ganze 74 Prozent aller Kaufentscheidungen wurden 1998 am Verkaufsort und unmittelbar vor dem Kauf getroffen. Die Menschen gehen mit der vagen Absicht, etwas kaufen zu wollen, in die Geschäfte, aber diese Absichten sind keineswegs gefestigt, bis die Person zum Kauf entschlossen ist. Was festigt Ihrer Ansicht nach diese Absicht?

Es sind Plakate oder Schilder. *Plakate sind das Bindeglied zwischen Ihren allgemeinen Marketingaktivitäten und dem Kauferlebnis.* Sie transportieren das Verkaufsmoment von den Marketingarenen in den Laden hinein. Sie steigern den Absatz der Produkte, die für die Verbraucher Anlass waren, den Laden zu betreten, und kurbeln gleichzeitig den Absatz solcher Waren an, von denen die Leute noch nicht einmal wussten, dass Sie sie anbieten. Plakate führen zu Spontankäufen.

Ihre Plakate sollten mit Ihrer Marketingstrategie übereinstimmen – mit Ihrer Identität, Ihrer Nische, Ihrem Thema. Ihre Plakate müssen dieselben Farben zeigen, dieselben Schrifttypen und aufeinander abgestimmte Designelemente, die auch in Ihrem sonstigen Marketing zu sehen sind – um Ihren potenziellen Kunden zu helfen, eine Verbindung herzustellen.

Plakate werden von Guerillas nicht nur in den Geschäftsräumen eingesetzt, sie finden sich auch auf den Anschlagtafeln einer Gemeinschaft oder eines Vereins. Fast überall gibt es Schwarze Bretter und Pinnwände, an denen Flugblätter, Veranstaltungshinweise und Notizen sowie Kärtchen mit privaten Kaufgesuchen und -angeboten angebracht werden können. Allein in der Gegend um San Francisco, wo ich lebe, konnten über 800 solcher Orte ausfindig gemacht werden, und verschiedene Firmen bedienen jetzt diese Orte für Guerillas, die ihre Zielmärkte für gewöhnlich weniger als 100 US-Dollar pro Monat erreichen möchten.

Genau wie in Kleinanzeigen sollten Sie auch auf Plakaten mit Schlagzeilen werben. Plakatexperten empfehlen, die Anzahl der verwendeten Wörter, die auf einem Plakat erscheinen sollten, auf sechs zu begrenzen. Aber dieser Rat gilt vor allem für Anschlagtafeln, und meiner Meinung nach dürfen Sie auf einem solchen Plakat so viele Wörter verwenden, wie Sie wollen.

Die kreative Platzierung von Plakaten und Schildern ist ein weiteres Merkmal der Guerillas. Einige Unternehmen platzieren ihre Schilder nur einen Block von den Firmensitzen ihrer Wettbewerber entfernt. Andere suchen nach kreativen Plätzen wie beispielsweise Flughäfen, Taxis, Restaurants, Bussen und Sportarenen. Ein Schild kann Ihnen kaum Ihre Verkaufsarbeit abnehmen – es sei denn, es befindet sich am Verkaufsort selbst. Aber Schilder und Plakate können erinnern, spontane Reaktionen auslösen und Ihr teures Marketing ohne große Auslagen bezahlt machen.

Guerilla-Händler sagen, dass das beste aller Schilder ein rotes Neonsignal sei, auf dem »Geöffnet« steht. Das scheint mir plausibel zu sein.

25

Es ist meiner Ansicht nach plausibel, dass Telefonmarketing ein so schnell wachsender Markt ist. Telefonmarketing wird seit 1982 häufiger eingesetzt als Direct Mail und hat sich in Beziehungen zwischen Unternehmen als besonders wirkungsvolles Instrument erwiesen. Aber auch Unternehmen, die Privatpersonen anrufen, sind erfolgreich – besonders zur Vorabendzeit, wie ich feststellen konnte.

Die besten Ergebnisse lassen sich durch Telefonmarketing erzielen, wenn es im Verbund mit anderen Marketingstrategien genutzt wird, wenn es Teil einer Kampagne ist, die auch Direct Mail umfasst und wenn es durch ein Skript begleitet wird, in denen der Gesprächsverlauf niedergelegt ist. In jedem Unternehmen, das per Telemarketing verkauft, erzielen 20 Prozent der Mitarbeiter 80 Prozent der Verkäufe. Das ist kein Zufall – diese 20 Prozent, die erfolgreichsten Telefonverkäufer, setzen Redewendungen und Begriffe geschickt ein, mit denen sie bestimmte Ideen und Vorzüge des Produktes hervorheben.

Wenn Skripte vorbereitet werden, die diese Redewendungen und Begriffe, besondere Ideen und Vorzüge beinhalten, und wenn sie so verinnerlicht werden, dass sie klingen, als seien sie eine spontane Äußerung, dann werden die Umsätze jedes Verkäufers steigen. Ihre nächste Aufgabe ist es dann, sie noch weiter zu steigern, indem Sie die Qualität der Redewendungen, der Begriffe, aber auch der Ideen und Vorzüge optimieren.

Zu den herausragenden Vorteilen, die das Telefonmarketing bietet, zählt nicht nur die Möglichkeit, Kontakt zu dem Angerufenen herzustellen, sondern auch, ein Angebot zu machen und sogar ein Geschäft abzuschließen. Was sonst wäre unter interaktiv zu verstehen!

Der Erfolg des Anrufes hängt von den ersten fünf Sekunden ab. Denn die entscheiden darüber, ob Sie die Aufmerksamkeit des Angerufenen erregen können oder nicht, ob Ihr Gegenüber Ihr Freund oder Feind wird. Hier nun einige Möglichkeiten, um eine positive Grundstimmung zu schaffen:

- Nennen Sie der Person, die Sie anrufen, Ihren Namen.
- Erzählen Sie, warum Sie anrufen.
- Reden Sie deutlich und lächeln Sie, während Sie sprechen.
- Äußern Sie etwas Freundliches oder Humorvolles.
- Stellen Sie eine Frage, die mit Ja beantwortet werden dürfte.
- Sagen Sie, wie lang das Gespräch dauern wird – je kürzer, desto besser.

Wenn Sie ein guter Telefonverkäufer sein wollen, brauchen Sie ein dickes Fell. Die Wahrscheinlichkeit, abgelehnt zu werden, ist so groß, dass professionelle Verkäufer schon begeistert sind, wenn sie die gewünschte Person sprechen können und nicht von Torwachen abgefangen werden. Marketing-Guerillas verschaffen sich Zugang zu diesen Torwachen, sie bringen ihre Namen in Erfahrung und vermitteln ihnen das Gefühl, ihre Arbeit zu achten und sie zu respektieren. Auf diese Weise erreichen sie, dass ihnen die Türen geöffnet werden.

Wenn Sie in nur einem von sechs Anrufen ans Ziel gelangen und wenn Sie in allen Fällen, in denen Ihnen das gelingt, nur eins von zehn Geschäften erfolgreich abschließen, denken Sie in »Sechziger-Dimensionen«. Jeden 60. Anruf beenden Sie mit einem abgeschlossenen Geschäft. Wie viele solcher Einheiten von 60 Anrufen können Sie pro Tag bewältigen? Wenn Sie das Risiko, abgelehnt zu werden, in ihren Plan mit einbeziehen, sind Sie auf dem besten Weg, profitabel zu agieren.

26

Jedes Medium arbeitet noch besser, wenn es von anderen Medien unterstützt wird. Dies ist ein zentraler Fakt. Werben Sie in Ihrem Fernsehwerbespot für Ihre Homepage. Erwähnen Sie Ihre Werbung in Ihren Postwurfsendungen. Beziehen Sie sich in Ihrem Telefonmarketing auf Ihre Direktmarketing-Aktivitäten. Unterbreiten Sie Ihr Angebot in einigen Marketingmedien und unterstützen Sie diese dann durch Werbung in anderen Medien.

Sie werden nicht wirklich erfolgreich werben, solange Sie nicht möglichst viele Medien nutzen. Ihr Messestand wird sehr viel erfolgreicher sein, wenn Sie in Branchenmagazinen dafür werben und Flugblätter in Hotels nahe dem Messegelände auslegen lassen. Guerillas versuchen immer auch, ihr Marketing zu vermarkten.

Ihre potenziellen Käufer sind auch nur Menschen – sie lassen sich von allen Seiten beeinflussen. Sie verfolgen das Geschehen in vielen Medien. Deshalb können Sie sich nicht allein auf ein Medium verlassen, um zum Kauf anzuregen. Sie müssen eine Idee einführen, die Menschen an sie erinnern, es immer wieder sagen und dann an anderen Orten mit anderen Worten noch einmal wiederholen. Erfolgreiche Guerillas kombinieren verschiedene Medien. Sie schreiben in ihren Anzeigen: »Fordern Sie unsere kostenlose Broschüre an.« In ihren Anzeigen in den Gelben Seiten steht: »Wenn Sie mehr erfahren wollen, besuchen Sie unser Internetangebot.« Sie legen ihren Mailings eine Kopie ihrer Zeitschriftenanzeige bei. Sie erweitern eine Zeitschriftenanzeige zu einem Plakat. Ihre Website bringt ihre Printanzeigen groß heraus.

Guerillas bemühen sich immer, den Einsatz eines Mediums zu erwähnen, während sie ein anderes nutzen. Die Leute setzen eine breit angelegte Marketingkampagne mit Qualität und Erfolg gleich; sie vertrauen eher bekannten als neuen und fremden Namen. Menschen ignorieren auch die meisten Marketingbotschaften – oft mit Absicht. Die Fernbedienung ist nicht nur ein Hilfsmittel, mit dem sich das Aufstehen von der Couch vermeiden lässt, sie ermöglicht ihnen auch, Marketingbotschaften nicht hören zu müssen.

Ihre Zeitungsanzeige kann noch so brillant sein, doch Ihre potenziellen Käufer werden nicht alle Zeitung lesen, und deshalb müssen Sie sie auf andere Weise zu fassen bekommen. Und Ihre Homepage mag ganz außergewöhnlich sein, ist aber nicht mehr wert als ein Sandkorn in der Wüste, solange sie die unwissende und im Grunde nicht betroffene Öffentlichkeit nicht darauf aufmerksam machen.

Quer durch verschiedene Medien zu werben ist darüber hinaus ein Weg, das äußerst wichtige Instrument der Wiederholung einzusetzen. Ein Weg, um den Kunden Ihre Botschaft zu vermitteln, ist die Wiederholung. Ein weiterer ist, diese an unterschiedlichen Orten unterzubringen. Guerillas versuchen beides zu tun. Nichts bleibt dem Zufall überlassen. Wenn Sie in den Gelben Seiten die Anzeige einer Firma sehen, von der Sie noch nie etwas gehört haben, und eine andere mit dem Zusatz: »Wie in unserer Fernsehwerbung zu sehen«, werden sie sich möglicherweise für die zweite entscheiden, und das allein wegen des zusätzlichen Quäntchens Glaubwürdigkeit. Ich schließe meinen Beweisvortrag hier ab.

27

Die *Gelben Seiten*, die mit Farbdruck und vielen Gestaltungselementen daherkommen, bieten Guerillas große Chancen. Denn niemand liest die *Gelben Seiten* zum Vergnügen oder wegen ihrer ästhetischen Besonderheiten. Wer dieses Verzeichnis durchsieht, sucht nach Informationen oder möchte eine Telefonnummer nachschlagen. In vielen Fällen stehen die Nutzer, die potenzielle lebenslange Kunden sind, schon an der Schwelle zur Kaufentscheidung.

Guerillas handeln schnell, um diese Leute von potenziellen Kunden zu Kunden zu machen. Sie tun dies auf verschiedene faszinierende Weisen und manchmal auch mit einer Kombination faszinierender Methoden. Lassen Sie uns vier Tipps für Werbung in den *Gelben Seiten* durchgehen, damit die Leute, die das Branchenbuch nutzen, zu Ihren Kunden werden:

- Guerillas verwenden Farbe oder ein besonderes Gestaltungselement, um die Aufmerksamkeit der *Gelbe-Seiten*-Leser zu erwecken. Welche Gestaltungselemente? Egal, solange es welche sind, die Ihre Wettbewerber nicht benutzen. Wenn alle Ihre Konkurrenten eine rote Schraffur haben, heben Sie sich dadurch ab, dass Sie keine verwenden. Setzen Sie die Farbe im Rahmen, in den Überschriften, im Hintergrund oder in all diesen Bereichen ein.
- Guerillas kaufen die größte Anzeige in ihrer Ausgabe der *Gelben Seiten*, um sicher sein zu können, dass sie als Erste auffallen, wenn Benutzer das Buch durchblättern – idealerweise von vorn nach hinten, obwohl wir beide wissen, dass dies nicht immer so

läuft. Großformatige Anzeigen in den *Gelben Seiten* kosten mehr, garantieren jedoch auch einen höheren Rücklauf. Was ist das Beste? Das müssen Sie für sich entscheiden.

- Guerillas listen alle Dienstleistungen und Vorteile auf, die sie anbieten. Da die Nutzer des Buches nach Informationen suchen, werden Sie umso erfolgreicher sein, je mehr Informationen Sie ihnen anbieten. Schön ist schön, aber mit Inhalten gefüllt kommt eine Anzeige weitaus besser an. Vergessen Sie nicht, die Kunden suchen Informationen, nicht Kunst.
- Guerillas betrachten übervolle Rubriken und denken: Wer weiß, wozu es gut ist. Wenn Sie einen Gartenbaubetrieb haben und die Einträge unter der Rubrik Garten- und Landschaftsbau vier Seiten lang sind, könnten Sie in Ihrer Anzeige schreiben: »Kostenlose Telefonberatung zur Wahl des richtigen Gärtners«. Gartenbesitzer, die diese Seiten auf der Suche nach Informationen durchblättern und denen das Angebot attraktiv erscheint, nehmen diesen kostenlosen Service gern in Anspruch und enden für gewöhnlich als Kunden des Beraters.

Denken Sie jetzt nicht, es sei absolut notwendig, dass Sie in den *Gelben Seiten* inserieren – denn das ist es nicht. Nur wenn Menschen erwarten, Unternehmen wie das Ihre in den *Gelben Seiten* zu finden, sollten Sie auch dort zu finden sein. Ein Tipp: Erzählen Sie niemandem, dass Sie in den *Gelben Seiten* zu finden sind, weil Sie sie damit zu Ihren Konkurrenten hinführen. Schalten Sie dort eine Anzeige, wenn Sie wollen, aber behalten Sie es für sich. Neben den *Gelben Seiten* gibt es weitere Branchenbücher, die für Ihr Marketing interessant sein können. So gibt der Bund für Umwelt und Naturschutz (BUND) jährlich neu sein *Alternatives Branchenbuch* heraus.

28

Es ist durchaus möglich, *Medien völlig kostenlos zu nutzen*. Einige Wege, um dies zu erreichen, sind Tauschgeschäfte, PR, Kooperationen und Fusionsmarketing.

In den neunziger Jahren wurde über die Hälfte der käuflichen Massenmedien keineswegs gekauft, sondern getauscht. Die Medien verkaufen Rauch. Wenn sie ihren Rauch nicht zu einem bestimmten Termin verkaufen, löst er sich wieder auf. Ihre Radio- und Fernsehzeiten gehen in Rauch auf, wenn sie nicht verkauft werden. Ihr Platz in Zeitschriften und Zeitungen geht in Rauch auf, wenn er nicht verkauft wird. Deshalb werden die Leute, die Sendezeiten und Anzeigenraum verkaufen, umso verhandlungsbereiter sein, je näher der Redaktionsschluss rückt, und viele werden Tauschgeschäfte eingehen.

Vielleicht bieten Sie ein Produkt oder eine Dienstleistung an, die nützlich für sie ist. Möglicherweise kann einer ihrer Kunden es gebrauchen. Wenn Sie so nicht weiterkommen, kontaktieren Sie eine Agentur für Tauschgeschäfte. Es könnte sein, dass sich diese Art, Geschäfte zu machen, für Sie als außerordentlich wertvoll erweist. Auf der Internetseite *www.tauschring.de* finden Sie 250 Kontaktadressen von Tauschringen in Deutschland, die nach Postleitzahlen geordnet sind. Tauschbörsen gibt es also keineswegs nur in Steven Spielbergs *Lost World*. Entdecken Sie die Welt des Tausches!

Finden Sie außerdem heraus, wie Sie durch Öffentlichkeitsarbeit kostenlos Medien nutzen können. Zwei Nachteile hat die PR-Arbeit: Zum einen haben Sie wenig Kontrolle darüber, wann sie stattfindet und was die Medien über Sie sagen, und zum anderen ist es, wenn es Ihnen gefällt, was sie sagen, sehr schwer, eine Wiederholung zu erreichen. Es ist nicht wie eine Anzeige, die sie immer wieder und wieder veröffentlichen können. Es sind stattdessen Nachrichten, die nur einmal gesendet werden.

Dass es Nachrichten sind, ist tatsächlich einer ihrer großen Vorteile, ganz abgesehen davon, dass sie nichts kosten. Als Faustregel gilt: Wenn Sie eine Neuigkeit über Ihr Produkt oder Ihre Dienstleistung veröffentlichen können, dann stehen die Chancen gut, dass Sie eine kostenlose Medienabdeckung erreichen. Wenn Ihre Geschichte visuell reizvoll ist, ist es möglich, dass Sie kostenlose Fernsehpublicity bekommen. Eine kleine Druckerei entwickelte eine Maschine, die Plakate in außergewöhnlich großen Formaten herstellen konnte. Die Mitarbeiter liefen mit dem Plakat einmal die Haupteinkaufsstraße entlang, und natürlich berichtete der lokale Fernsehsender über das Ereignis. Wenn Ihre Geschichte Tiefe hat und faszinieren kann, bieten Sie sich selbst als Gast in einer Radio-Talkshow oder für ein Exklusivinterview bei einer Zeitschrift an. *Je mehr Kontakte Sie zu den Medien herstellen, desto mehr werden Sie sie kostenlos nutzen können.*

Guerillas, die Produkte verkaufen, für die landesweit geworben wird, können häufig Kooperationen eingehen, eine hübsche Phrase, die bedeutet, dass sie für die Erwähnung des Namens des Werbenden in ihrer eigenen Kampagne Geld bekommen. Ich habe einige Guerillas kennen gelernt, die das Namedropping so geschickt handhabten, dass die Kooperation die Kosten für die Medien abdeckte – und damit für den Guerilla keine Kosten mehr verursachte. Das Gleiche gilt für Guerillas, die Marketingpartnerschaften eingehen und zum Beispiel für den Marketingpartner eine Hinweistafel aufstellen, wenn sie im Gegenzug in dessen Zeitungsanzeige erwähnt werden. Kostenlose Mediennutzung für beide Guerillas. Und ein gutes Geschäft für beide. Typisch für Guerillas.

29

Guerillas nutzen Zeitschriften anders als andere Unternehmer. *Kein anderes Medium bietet so viel reine Glaubwürdigkeit wie Zeitschriften.* Branchenzeitschriften nutzen sie auf normale Art und Weise – dauerhafte Präsenz, bindende Identität, übereinstimmendes visuelles Format –, und mit jeder Werbeaktion streben sie den Verkauf an.

In Verbrauchermagazinen dagegen zielen sie nicht auf den Verkauf, sondern geradewegs auf die Glaubwürdigkeit. Weil Guerillas keine Werbestrecke in einem Magazin buchen können, die einen angemessenen Eindruck auf ihr Publikum machen würde, gibt es drei Tricks, die zeigen, wie sich Werbung in Zeitschriften so gut auszahlt, dass sie zu wahren Goldgruben werden:

- Suchen Sie nach regionalen Ausgaben großer Zeitschriften. Die Kosten für eine ganzseitige Schwarz-Weiß-Anzeige in einer regionalen Ausgabe betragen nur einen Bruchteil dessen, was Sie für die gleiche Anzeige in einer bundesweit vertriebenen Ausgabe bezahlen müssten – und Sie erreichen genau die Region, in der Ihre potenziellen Kunden leben.
- Schalten Sie Ihre Anzeige in einer regionalen Ausgabe nur einmal – investieren Sie stattdessen in Sonderdrucke. Entwickeln Sie zeitlose Anzeigen, vermeiden Sie Schlagzeilen wie: »Unser Unternehmen ist jetzt fünf Jahre alt«, schließlich wird die Anzeige schon ein Jahr später überholt sein. Schreiben Sie stattdessen: »Gegründet 1995«, denn so bleibt Ihre Anzeige aktuell. Vermeiden Sie es, Bilder zu benutzen, auf denen Ihre Angestellten zu

sehen sind. Womöglich endet einer Ihrer Mitarbeiter als Serienkiller … Man kann nie wissen! Sie können nicht vorsichtig genug sein, wenn Sie ein Guerilla sind.

- Bestellen Sie unzählige Nachdrucke Ihrer Anzeige, und versehen Sie sie mit einem Hinweis, wo die Anzeige erschienen ist. Das dient der Glaubwürdigkeit. Nachdrucke sind in den vielfältigsten Variationen verfügbar, und das zu Kosten, die Guerillas erfreuen. Zur Auswahl stehen gewöhnliche Drucke, Hochglanzdrucke, einseitig bedruckte Postkarten, vierseitige Drucksachen, bedruckte Pappständer, um sie in die Fenster zu stellen, DIN A-0-Plakate und viele weitere Aufmachungen. Guerillas verschicken diese Nachdrucke in jeglicher Form oder nutzen sie als Einleger für Mailingaktionen. Ende der neunziger Jahre verschickten einige Guerillas noch immer Mailings mit beigelegten Anzeigennachdrucken, die sie in den frühen Siebzigern geschaltet hatten.

Heutzutage kann Werbung in Zeitschriften die klügste und profitabelste Investition sein, die Sie tätigen können. Der Schlüssel ist, von einem Medium nicht das zu erwarten, was die Konvention Sie zu erwarten gelehrt hat. Medien leisten am meisten, wenn Sie deren Angebot verstehen. Sie machen sich einen Namen innerhalb der Gesellschaft, die Sie pflegen – und Medien sorgen dafür, dass Sie sich in bester Gesellschaft bewegen.

30

Manche Medien sind wie Äpfel, andere wie Birnen – und was in einem Medium funktioniert, zeigt in einem anderen vielleicht gar keine Wirkung. *Guerillas kennen die Vor- und Nachteile eines jeden Mediums* und nutzen es so, dass es sich für sie auszahlt. Folgendes sollten Sie über die Macht der Medien wissen:

- Die Stärke der Zeitungen sind Nachrichten. Wenn Sie in einer Zeitung werben, wird eine Anzeige Aufmerksamkeit erregen, die Neuigkeiten enthält, denn diese sind es, die die Leserschaft interessiert.
- Die Macht der Zeitschriften und Magazine ist Glaubwürdigkeit. Die Leser übertragen die Glaubwürdigkeit, die sie mit einer Zeitschrift verbinden, auf die darin Werbenden.
- Die Macht des Radios ist die Nähe. Das Radio schafft eine enge Beziehung zwischen Hörer und Werbendem, die einer Gesprächssituation nahe kommt.
- Die Macht von Direct Mails ist der Zeitdruck. Terminierte Angebote mit Ablauffristen verleiten den Kunden oft zu sofortigen Reaktionen.
- Die Macht des Telefonmarketings ist die direkte Verbindung. Wenige Medien sind in der Lage, einen Kontakt in einer Situation des Gebens und Nehmens so geschickt herzustellen wie das Telefon.
- Die Macht einer Broschüre ist die Fähigkeit, Details zu vermitteln. Wenige Medien geben Ihnen so viel Raum und Zeit, Ihre Vorzüge darzustellen, wie eine Broschüre.

- Die Macht von Kleinanzeigen sind Informationen. Niemand liest Kleinanzeigen, wenn er nicht nach ganz bestimmten Dingen sucht.
- Die Macht der Gelben Seiten sind ausführliche Informationen. Hier bekommen potenzielle Kunden einen Eindruck von der Wettbewerbssituation und können vergleichen.
- Die Macht des Fernsehens ist die Fähigkeit zu demonstrieren. Kein anderes Medium ermöglicht Ihnen, Ihr Produkt oder Ihren Service im Gebrauch mit allen seinen Vorzügen vorzuführen. Fernsehen ist immer noch der unangefochtene Schwergewichts-Champion des Marketings.
- Die Macht des Internets ist die Interaktivität. Im Internet können Sie die Aufmerksamkeit einer Person erregen, sie informieren, ihre Fragen beantworten und ihre Bestellungen entgegennehmen.
- Die Macht der Schilder und Plakate ist die Impulsreaktion. Plakate und Schilder motivieren Kunden zum Kauf, wenn sie in Kaufstimmung sind und sich am Verkaufsort befinden. Schilder und Plakate können Impulse bei Kunden auslösen und sie an Ihre anderen Marketingaktivitäten erinnern (oder beides).
- Die Macht der Flyer ist Wirtschaftlichkeit. Flyer können für sehr wenig Geld entworfen, produziert und verschickt werden, und sie können unmittelbare Resultate erwirken.
- Die Macht von Anschlagtafeln ist es, an etwas zu erinnern. Anschlagtafeln können nur selten den ganzen Verkaufsjob leisten, aber sie drängen die Gedanken der Leute in die Richtung Ihrer anderen Marketingaktivitäten.

Guerillas sind sich der spezifischen Macht des jeweiligen Mediums bewusst und gestalten ihr Marketing so, dass sie die Stärken jeweils betonen. Damit erreichen sie für das, was sie in ihr Marketing investieren, weitaus mehr, als wenn sie ihre Marketingaktivitäten ohne die Berücksichtigung der jeweiligen Stärken der unterschiedlichen Medien gestalten würden. Wenn Sie sich auf Ihr Wissen verlassen, schöpfen Sie jedes Medium optimal aus. Nun kommt es darauf an, die Botschaft dem jeweiligen Medium anzupassen.

Nicht alle Medien sind gleich. Guerillas tun alles, um die Vorteile dieser Ungleichheit für sich zu nutzen, und können die Effektivität jedes Werkzeugs, das sie benutzen, noch verstärken.

Kapitel Fünf

Das Online-Marketing

31

Die neuesten, größten, geheimnisvollsten, am häufigsten missverstandenen, aber dennoch vielversprechendsten Chancen, die durch Marketing je möglich waren, haben wir dem Internet zu verdanken. Mit jedem Tag wird Online-Marketing sowohl für die Unternehmen als auch für die Kunden populärer, besser und hilfreicher. Und doch müssen sich alle, die Online-Guerillas werden wollen, dreier Tatsachen bewusst sein:

1. Online-Marketing wird nur funktionieren, wenn Sie Marketing beherrschen.
2. Online-Marketing bedeutet mehr, als nur eine Homepage zu besitzen.
3. Online-Marketing macht nur ein Prozent Ihrer gesamten Marketingaktivitäten aus.

Denken Sie daran, dass es mindestens 100 Marketinginstrumente gibt und dass Online-Marketing nur eins davon ist. In den meisten Fällen können Sie für Produkte oder Dienstleistungen, die Sie nur online vermarkten, keine großen Erfolge erwarten. Die Medienwelt ist schon jetzt dabei, sich zu fragmentieren. Es gibt Regionalausgaben fast aller Zeitungen und Zeitschriften, Kabelfernsehsender, die lokale Gemeinschaften erreichen, lokale Radiosender, gezielte Mailing-Listen. Wo kommt alles zusammen?

Das geschieht online. Langsam aber sicher begreifen die Menschen, dass sich all diese Fragmente im virtuellen Raum zu einem verständlichen Ganzen zusammenfugen – dass alle Details, die sie erfahren müssen, bevor sie etwas kaufen, schon online verfügbar sind und dort eingesehen werden können. Das Phänomen Internet ist Teil der Evolution des Menschen, und dass die Menschen lernen, wie sie im Cyberspace interagieren, ist ebenso Teil ihrer Evolution. Sie müssen nicht daran erinnert werden, dass die Evolution über einen langen Zeitraum hinweg ablief. Das Internet ist da und jeder weiß das, aber noch nicht jeder ist schon online, und nicht jeder, der online ist, ist so weit, über das Netz einzukaufen. Die Leute werden so weit kommen. Aber bis dahin wird noch einige Zeit vergehen.

Also sollten Sie Ihre *Marketingaktivitäten mit den traditionellen Medien aufrechterhalten*. Ihr Marketing über Ihre Homepage und Ihr Online-Angebot selbst brauchen Marketing. Auch wenn das Internet eine Marktdurchdringung erreicht hat, die mit der des Telefons vergleichbar ist, müssen Sie für Ihr Marketing weiterhin auf bewährte Methoden zurückgreifen. Das Fernsehen hat die Marketingszene revolutioniert, aber viele große Firmen, die im Fernsehen werben, vermarkten ihre Produkte nicht nur dort, sondern auch an anderen Orten. Fernsehen ist Teil ihres Marketingmix, aber nicht der ganze Zaubertrank.

Wenn Sie für Ihre Marketingaktivitäten auf die traditionellen Medien zurückgreifen, werden Sie der Vorankündigung Ihrer Homepage Zeit und Raum widmen müssen, weil sicher viele Leute wissen wollen, wo sie mehr Information bekommen können. Ihre Website ist das ultimative Medium. Kein anderes Medium bietet Ihnen die Reichhaltigkeit des Netzes. Dies ist der Grund, warum Sie Ihre Marketingaktivitäten in diesen Bereich ausdehnen sollten. Die Welt lernt gerade, Waren auf neue Art und Weise einzukaufen, und diese Art und Weise ist online. Aber der Lernprozess ist noch in der Entwicklung.

32

Herauszufinden, wie Guerilla-Marketing online umgesetzt werden sollte, ist so, als würden Sie in Rauch greifen, um festzustellen, wie er sich anfühlt. Online-Marketing ist sozusagen die Essenz der Gestaltlosigkeit und wird dies noch für eine lange Zeit sein. Sie wird sich ständig verändern, weil immer neue Technikfreaks herauszufinden versuchen, wie es gleichzeitig der Öffentlichkeit am besten dient und den Unternehmen, die es für sich einsetzen, Gewinne einbringt. Aufregende Online-Technologien werden so regelmäßig sichtbar gemacht, dass sie schon langweilig geworden sind.

Ein riesiger Anteil der vielen Millionen Dollar, die von kleinen Unternehmen verschwendet werden, weil sie die Reichhaltigkeit des Online-Marketings und die Realität der Online-Kunden missverstehen, wird für Internetangebote ausgegeben. Diese werden aufwändig hergestellt und gestaltet und ohne Rücksicht auf ihre Bedeutung in den Kosmos des Netzes gestellt. Guerillas würden es nicht wagen, Geld für ihre Websites zu verschwenden. Sie kennen die Grundregeln im Cyberspace, wenn es darum geht, beständige Gewinne im Netz zu verdienen. Diese Gewinne kommen, wenn Sie auf acht Elemente gleichermaßen Wert legen:

- Das erste Element ist die Planung. Das bedeutet, dass Sie im Voraus genau wissen müssen, was Sie mit Ihrer Homepage erreichen wollen.
- Das zweite Element ist der Inhalt. Der Inhalt zieht Besucher auf Ihre Seite und lässt sie dann für weitere Besuche auf regelmäßiger Basis zurückkommen.

- Das dritte Element ist das Design. Es gibt einen gewissen Moment, der darüber entscheidet, ob ein User, der Ihre Seite zum ersten Mal aufruft, hängen bleibt oder weitersurft. Das Design der Website beeinflusst diese Entscheidung.
- Das vierte Element ist der Einbezug der Kunden. Guerillas nutzen die Interaktivität des Netzes zu ihrem Vorteil, indem sie Ihre Besucher aktivieren, statt passives Lesen von ihnen zu verlangen.
- Das fünfte Element ist die Produktion. Dies bedeutet, die ersten vier Elemente online zu bringen. Leicht handhabbare Software kann diese Arbeit für Sie erledigen.
- Das sechste Element ist die Kundenkontaktpflege. Leute besuchen Ihre Website, schicken Ihnen E-Mails, stellen oder beantworten Fragen. Guerillas antworten auf E-Mails, sie pflegen den Kontakt zu ihren Kunden.
- Das siebte Element ist die Werbung. Sie müssen online für Ihre Seite werben, sie in Suchmaschinen registrieren lassen, sie mit anderen Seiten per Link verbinden und gleichzeitig offline für sie werben, in den Massenmedien, in Mailings, überall dort, wo Ihr Name auftaucht.
- Das achte Element ist die Instandhaltung und Pflege. Anders als im sonstigen Marketing erfordert ein Online-Angebot ständige Veränderung, Aktualisierung, Auffrischung und Erneuerung. Wie ein Baby.

Früher wurde geglaubt, dass eine Website lang sein müsste, um nützlich zu sein, aber das wachsende Zeitbewusstsein hat zu einem Wandel dieser Einstellung geführt. Websites für spezifische, eingeschränkte Zielgruppen sind kurz und nützlich. Guerillas wissen, welchen Nutzen es hat, sich kurz zu fassen.

Eine Homepage kann insgesamt sehr umfangreich sein, aber sie ist in unterschiedliche Segmente unterteilt, die präzise und gezielt kleine Nischen ausloten. Auf diesem Weg können riesige Guerilla-Unternehmen sich die Herzlichkeit und Nähe erhalten, die sich sonst nur Guerilla-Existenzgründer erlauben können.

33

Sobald Sie auch nur im Entferntesten daran denken, online zu gehen, denken Sie darüber nach, wie Sie für Ihre Website werben werden. Denn online zu gehen bedeutet, *fantasievoll über zwei Welten nachdenken zu müssen.*

In der Online-Welt denken Sie an multiple Links zu anderen Seiten, Sie denken an Banner, die zu Ihrer Seite führen, an Suchmaschinen, die Browser zu Ihrer Seite schicken, an Einsendungen in Foren, die Online-Nutzer für Ihre Website mobilisieren, an Chat-Konferenzen, in denen Ihre Seite angekündigt wird, an Empfehlungen Ihrer Website durch Internetkräfte, Sie denken daran, E-Mails an Menschen zu schicken, die Interesse an den Themen Ihrer Seite haben, oder daran, Artikel für andere Websites zu schreiben, im Gegenzug für Links, die auf Ihre Seite zurückverweisen, an die Erwähnung Ihrer Seite in Ihrer E-Mail-Signatur, an Online-Werbung, um User auf Ihre Homepage aufmerksam zu machen, an eine Online-Version Ihrer Pressemappe, um Ihre Site online bekannt zu machen und mit so vielen anderen Online-Gemeinschaften wie möglich in Verbindung zu treten. All das mit der Absicht, Ihre Seite zum Teil der Online-Gemeinde zu machen, zu einem Internet-Wegweiser für Ihre potenziellen Käufer und zu einem unverzichtbaren Charakteristikum im Netz.

Doch auch in der Offline-Welt sollten Sie Ihrer Kreativität freien Lauf lassen, damit Sie für Ihre Homepage einen festen Platz im Bewusstsein der Leute einnehmen. Schließlich befindet sich der größte Teil der Menschheit noch immer ausschließlich in der wirklichen, der Offline-Welt. Im Augenblick beziehen sie noch immer den größten Teil ihrer Informationen von dort. Und deshalb sollten Sie sie auch dort mit Ihrer Online-Präsenz bekannt machen – mit dem Hinweis auf Informationen, die ihnen ungeheure Vorteile verschaffen – für ihr Geschäft oder für ihr Leben oder für beides.

Werben Sie ganz offensichtlich für Ihre Online-Präsenz in Ihren Anzeigen, in Ihrem Briefpapier, auf Ihren Visitenkarten, auf Plakaten, in Broschüren, auf Flyern, in Anzeigen in den Gelben Seiten, mit speziellen Werbeaktionen, auf Verpackungen, auf geschäftlichen Formularen, Geschenkzertifikaten, Nachdrucken von PR-Artikeln, in Ihrem Katalog, Ihrem Newsletter und in Kleinanzeigen. Erwähnen Sie sie in Ihren Radiospots, im Fernsehen. Viele Unternehmen haben jetzt einen Jingle, der ihre Website vorstellt. Vergessen Sie nicht, die Leute in Ihren Direktversand-Briefen und auf Postkarten zu Ihrer Seite zu führen, mit jedem Fax, das Sie schicken, also überall dort, wo Ihr Name erscheint. Wenn die Welt zu glauben beginnt, dass Ihr Nachname ».com« oder ».de« ist, dann sind Sie mit Ihren Offline-Werbeaktionen auf dem richtigen Weg.

Einige Firmen glauben, dass sie offline ausreichend Werbung für ihre Online-Präsenz machen, wenn sie ihre Seite klein gedruckt am Rand ihrer Anzeigen erwähnen oder sie am Ende ihres Fernsehwerbespots kurz einblenden lassen. Aber das ist nicht der Fall – sie tun nur so als ob. Sprechen Sie über Ihre Homepage genauso, wie Sie über Ihr Kind sprechen würden – mit Stolz, Enthusiasmus und Freude. Sorgen Sie dafür, dass die Leute von Ihrem Internetauftritt begeistert sind. Lassen Sie sie Ihren Stolz fühlen! Werden Lokalzeitungen oder Branchenmagazine über Ihre Online-Präsenz berichten? Sicher werden sie das, wenn Sie sie für ihre Leser faszinierend genug gestalten. Das ist *Ihr* Job. Werbung wird sie auf Ihre Seite locken, und ein herausragender Inhalt wird dafür sorgen, dass sie immer wieder dorthin zurückkehren.

34

Sie können in Ihrem Online-Marketing keinen größeren Fehler machen, als sich genauso zu verhalten wie bei Ihrem Offline-Marketing. Im Cyberspace wird ein anderes Spiel gespielt, und auch wenn die Grundregeln des Marketings weiterhin gelten, gibt es doch eine Vielzahl von Regeln, denen Sie ebenfalls folgen müssen. *Die erste Regel lautet, sehr aufmerksam zu sein.*

Worauf sollten Sie besonders achten? Fangen Sie bei Ihrer eigenen Website an und vergewissern Sie sich, dass sie stets aktuell und verlockend ist. Ganz besondere Aufmerksamkeit sollten Sie der Frage schenken, wie leicht Sie zu finden sind. Erscheint Ihre Seite in allen Suchmaschinen in der Spitzengruppe? Steht sie auf der ersten Seite jeder klassifizierten Suche? Können Besucher direkt auf die Daten zugreifen, die sie brauchen, und müssen sie nicht durch viele unnötige Seiten navigieren? Ist es einfach, Kontakt zu Ihnen aufzunehmen? Sind alle Links, die Sie anbieten, noch aktuell, also in Verbindung zu Onlinern, mit denen Sie weiterhin zusammenarbeiten wollen? Was sagen Ihre Konkurrenten? Welche Newsgroups konzentrieren sich auf Ihr Geschäft oder Ihre Branche? Welche neuen Veränderungen kündigen sich an, die Ihrer Online-Marketingkampagne Zündstoff und Pep geben könnten?

Wenn Sie einen Fernsehspot schalten, schicken Sie ihn an den Sender und sehen zu, wie er läuft. Da gibt es nicht viel mehr zu tun. Aber wenn Sie eine Website ins Netz stellen, dann ist das erst der Anfang. Fragen Sie Ihre E-Mails wenigstens zweimal am Tag ab? Wenn nicht, könnten deren Absender glauben, Sie würden es mit Ihrer Online Präsenz doch nicht so ernst meinen. Ich habe schon oft E-Mails an Firmen geschickt und musste dann einige Tage später doch zum Telefon greifen, weil ich keine Antwort bekommen hatte, und immer sagten sie zu ihrem Versäumnis: »Oh, wir sollten unsere E-Mails öfter abrufen. Wir sind diese Woche noch nicht dazu gekommen.«

Der einzige, größte Online-Irrtum eines Guerillas ist es, sich übermäßig auf seine Website zu verlassen. Nur weil Sie eine Seite haben, sind Sie noch kein aktiver Online-Vermarkter. Um im Cyberspace erfolgreich zu sein, müssen Sie in den vielen Foren aktiv sein, an denen Ihre potenziellen Käufer teilnehmen. Lesen Sie, was sie sagen. Beteiligen Sie sich. Schicken Sie Beiträge, die Ihre Sachkenntnis beweisen. Schicken Sie E-Mails an Mitglieder des Forums, weil sie schon Interesse an dem Thema bekundet haben.

Das Gleiche gilt auch für Chat-Räume. Viele widmen sich demselben Gegenstand, dem sich auch Ihr Geschäft widmet. Werden Sie in diesen Chaträumen aktiv; sie sind geniale Gelegenheiten, enge Beziehungen, langfristige Bindungen zu begründen. Sie sollten in solchen Räumen nicht aufdringlich auftreten, Ihre Geschäftsidee herausposaunen, aber wenn Sie das Gefühl für den Ton des Gesprächs finden und sehr aufmerksam sind, können Sie sicher ein wenig erreichen. Und das für null Geld.

Aktiv an Foren und Chatgroups teilnehmen, E-Mails aktiv verschicken (doch nur an diejenigen, die sie haben wollen), Schritt halten mit der Online-Suchtechnologie und eine regelmäßig gewartete und nachhaltig beworbene Homepage besitzen – das ist der richtige Weg. Auch nur etwas weniger zu tun wäre ein grober Fehler von Ihnen.

35

Sobald Sie online sind, müssen Sie alles daran setzen, um für die *maximale Sichtbarkeit* Ihrer Website zu sorgen. Eine Möglichkeit dafür ist die aggressive Offline-Werbung. Eine andere ist eine anhaltende E-Mail-Kampagne. Eine dritte ist, wiederholt Mitteilungen in spezielle Newsgroups zu setzen. Eine vierte ist, eine Unmenge von Links zu Seiten einzurichten, die dieselben potenziellen Käufer ansprechen wie Sie.

Es ist entscheidend, dass Sie sich in den sich ständig verändernden Suchmaschinen auskennen, sodass Ihre Seite für alle potenziellen Käufer gut aufzufinden bleibt. Genauso wichtig ist, dass Sie Ihre Inhalte neu verpacken und auf neue Art und Weise präsentieren. Müsli und Waschpulver haben sich im Laufe der Jahre nicht entscheidend verändert, aber sehen Sie sich einmal die Verpackungen an, die in den Supermarktregalen stehen. Sie könnten glauben, dass alles an ihnen neu ist. Nichts ist neu. Es wird einfach nur auf neue Art und Weise präsentiert.

Guerillas lieben Wiederholungen. Wiederholung ist jedoch eher in der wirklichen Welt als im Cyberspace anwendbar. In der tempogeladenen Umgebung des Internets werden Informationen sehr schnell alt. Eine Anzeige, die wieder in einer Zeitung erscheint, projiziert ein konsequentes und stabiles Image. Aber wenn Sie dieselben Inhalte auf einer Website noch einmal laufen lassen, werden potenzielle Kunden denken, dass Sie auf der Maus eingeschlafen sind. Sie werden sich noch nicht einmal sicher sein, ob Sie überhaupt noch im Geschäftsleben stehen.

Um sichtbar zu bleiben, vermitteln Sie demselben Publikum Ihre Botschaft immer wieder auf neue Art und Weise. Präsentieren Sie Ihre Produkte in neuen Verpackungen und bieten Sie sie auf neuen Märkten an. Seien Sie ständig auf der Suche nach neuen Örtlichkeiten, sodass Sie Ihren Wirkungsgrad erweitern können.

Sie können zu Ihrer Sichtbarkeit beitragen, indem Sie Gastgeber einer Online-Konferenz sind, indem Sie Tippseiten oder Online-Newsletter veröffentlichen und dadurch, dass über Sie in Offline-Publikationen geschrieben wird, die von Onlinern gelesen werden. Solche Publikationen sind beispielsweise *Computer Bild, Internet World, Online@today, TOMORROW* und zahllose andere.

Ihr Online-Marketingplan wird erfolgreich sein, wenn Sie verstehen, was Ihre potenziellen Kunden wirklich wollen: Sicherheit, Bequemlichkeit, Schnelligkeit, Service, Information, Aufmerksamkeit und einen positiven Nutzen. Bieten Sie Ihnen, wonach sie suchen und orientieren Sie Ihr Online-Marketing an diesen Bedürfnissen.

Erhöhen Sie Ihre Sichtbarkeit, indem Sie Ihre Homepage in jedem Verzeichnis auflisten, in dem Ihre potenziellen Käufer nachschlagen oder suchen könnten. Ziehen Sie nationale Verzeichnisse in Erwägung, aber übersehen Sie auch die regionalen und lokalen nicht. Hinterlassen Sie Ihre Links auf so vielen dieser Verzeichnisseiten wie möglich. Es gibt 100 verschiedene Guerilla-Marketing-Online-Werkzeuge, die Sie in Kapitel 10 des Buches »Guerilla-Marketing Online – zweite Ausgabe« finden. Jede dieser Waffen wird Ihre Sichtbarkeit um ein Vielfaches erhöhen. Ich möchte Ihnen hier vermitteln, dass Sie im Cyberspace unsichtbar sind, wenn Sie nichts dagegen tun – und dass Sie auch weiterhin etwas tun müssen, um zu verhindern, dass man Sie für verzichtbar hält.

36

Der Inhalt Ihrer Website sollte die Informationen enthalten, *die Ihre potenziellen Käufer und Kunden am dringlichsten erfahren wollen.* Dabei handelt es sich nicht unbedingt um die Inhalte, die Sie für die wichtigsten halten und unbedingt vermitteln wollen. Es sind meistens eher Hinweise darauf, welche Vorzüge Ihr Unternehmen den Besuchern Ihrer Website bieten kann.

Um die Inhalte möglichst sinnvoll zusammenzustellen, arbeiten Sie rückwärts und beginnen mit den Zielen, die Sie mit Ihrer Seite erreichen wollen. Notieren Sie diese Ziele. Je exakter Sie sie formulieren können, desto wahrscheinlicher ist, dass Sie die Ziele auch erreichen.

Dann notieren Sie, welche Hindernisse Ihrem Unternehmen im Weg stehen werden. Meistens handelt es sich lediglich um einen Informationsmangel aufseiten Ihrer potenziellen Kunden, dem Sie begegnen können, indem Sie ihnen Ihre Ziele vermitteln.

Ob Ihr Internet-Angebot Erfolg haben oder scheitern wird, hängt davon ab, wie viel Übereinstimmung zwischen Ihren Inhalten und den Bedürfnissen des Zielpublikums besteht. Hervorragendes Design und aufsehenerregende Werbung sind bedeutungslos, wenn ihr Inhalt nicht die Bedürfnisse des Marktes deckt. Es ist nicht allzu schwierig, diese Art von Inhalten zu entwickeln. Beantworten Sie die folgenden Fragen und Ihre speziellen Antworten werden für Ihren Inhalt sorgen:

- Welches unmittelbare, kurzfristige Ziel hat Ihre Website?
- Was genau sollen ihre Besucher tun?
- Welche Ziele haben Sie langfristig?

- Wer soll Ihre Homepage besuchen?
- Welche Lösungen oder welchen Nutzen können Sie diesen Besuchern anbieten?
- Welche Informationen sollte Ihre Seite liefern, um Ihr wichtigstes Ziel zu erreichen?
- Welche Informationen können Sie anbieten, um die Besucher zu sofortigen Reaktionen zu veranlassen?
- Welche Fragen werden Ihnen am Telefon am häufigsten gestellt?
- Welche Fragen und Bemerkungen hören Sie auf Messen am häufigsten?
- Welche Informationen sollte Ihre Website im Einzelnen liefern, damit Sie Ihr zweitwichtigstes Ziel erreichen?
- Wo sucht Ihr Zielpublikum nach Informationen?
- Wie oft sollen Ihre Besucher auf Ihre Website zurückkehren?
- Was können die Gründe dafür sein, dass Sie nicht so viel verkaufen, wie Sie möchten?
- Wer sind Ihre schärfsten Konkurrenten?
- Haben Ihre Konkurrenten eine Homepage?
- Wie wichtig ist der Preis für Ihr Zielpublikum?

Ihre Antworten sollten aufzeigen, welche Wettbewerbsvorteile Sie betonen sollten, was Sie zeigen, sagen und groß herausbringen sollten. Servieren Sie Ihren Inhalt in mundgerechten Häppchen, die alle nützlich sind – klar, aktuelle Inhalte führen zum Erfolg im Web. Wenn Ihre Website für Ihre Gäste eine erfolgversprechende Sache ist, wird sie das auch für Sie sein.

37

Wie alle anderen Marketingaktivitäten wird auch die Werbung für Ihre Online-Präsenz dazu beitragen, den Wert der Website zu steigern – in Ihrem Interesse und im Interesse der ganzen Welt. Im Vergleich zur Offline-Werbung haben Sie Online-Werbung außerdem weitaus mehr unter Kontrolle.

Zum Beispiel können Sie Ihre Pressemeldungen kostenlos unter *www.prweb.com* ins Internet stellen oder unter *www.-virtualpromote.com* kostenlos für Ihre Seite werben.

Wenn Sie für die Öffentlichkeit sorgen, wird jedermann die Neuigkeiten über Ihr Unternehmen erfahren, ganz gleich, ob er online ist oder nicht, ob er einen Computer besitzt oder nicht. Er benötigt nur eine Pressemappe, ein paar Hintergrundinformationen über Ihr Unternehmen, Pressemeldungen, Ideen für Artikel oder Kolumnen über Ihr Unternehmen und Presseveranstaltungen.

Die Pressemappe enthält die Hintergrundinformationen, die Pressemeldungen, Fotos Ihrer Manager oder Ihrer Produkte, Ideen für Geschichten, Nachdrucke von früheren Artikeln über Ihr Geschäft, eine Liste von Kundenreferenzen und alles Weitere, was die Medien interessant genug finden, um darüber zu berichten. Sie müssen wissen, dass die Medien Sie mehr brauchen, als Sie die Medien brauchen, vorausgesetzt, Sie liefern ihnen die Neuigkeiten, die ihren Lesern gefallen werden.

Solche Neuigkeiten sind beispielsweise Ihre Online-Präsenz, mit der es bequemer wird, mit Ihnen in Kontakt zu treten, oder die zu niedrigeren Preisen führt, oder spezielle Informationen, die nur online und nicht offline bezogen werden können, beliebige Produkte oder Dienstleistungen, die Sie zum ersten Mal anbieten, ja selbst die Tatsache, dass Ihr Unternehmen das erste in der Region ist, dessen Angebot über das Internet abgerufen und bezogen werden kann.

Sehen Sie sich die Medien, die Sie gerade nutzen, und die Art der Berichte, die diese bringen, ganz genau an. Denken Sie darüber nach, ob und wie Ihre Geschichte zu diesen Medien passen würde. Das gilt für Zeitungen und Zeitschriften ebenso wie für Rundfunk und Fernsehen. Fast alles, was die Online-Welt betrifft, ist für die Menschen noch neu und aufregend, deshalb sollten Sie auf den Impuls setzen, der schon allein durch den Mythos Internet hervorgebracht wird. Darüber hinaus gibt es eine Fülle von Online-Magazinen, die vielleicht über Sie berichten wollen, betonen Sie also die Neuigkeiten in Ihrer Story und schicken Sie sie dorthin.

Starten Sie Ihre Publicity-Kampagne mit einem Masterplan. Lange bevor Sie Ihre Seite ins Netz stellen, formulieren Sie die wichtigsten Botschaften, die Sie Ihren potenziellen Käufern über das Unternehmen schicken wollen, legen Sie die Online- und Offline-Publikationen fest, in denen Sie diese Mitteilungen gern erscheinen lassen würden, und erarbeiten Sie detaillierte Konzepte für Ihre Artikel. Je interessanter Sie Ihr Unternehmen darstellen, desto höher wird die Medienabdeckung sein, die Sie bekommen. Die Publicity wird Ihnen zu einer Glaubwürdigkeit verhelfen, die Sie mit Werbung einfach nicht kaufen können. Ihre Ziele sollten lauten: Einzigartigkeit, Aktualität und Problembewusstsein. Denken Sie daran, dass ohne Publicity etwas Schreckliches passiert: *nämlich gar nichts*.

38

Online-Guerillas haben *viele mögliche Verbündete im Cyberspace.* Viele wollen Ihnen helfen, mit Ihnen ein Team bilden und vor allem – sie wollen, dass Sie ihnen helfen. Dies passiert, wenn Sie mit ihnen Links austauschen. Ihre Seite lenkt die Aufmerksamkeit auf die Ihrer Partner, und deren Seite lenkt die Aufmerksamkeit auf Sie.

Mit dieser Form einer Marketingpartnerschaft können Sie viele Besucher für Ihre Seite gewinnen, denn Sie werden nicht wegen des Geldes besucht, das Sie online investiert haben, sondern wegen der Freunde, die Sie haben. *Not linking is not thinking* – wer keine Links einrichtet, hat das Nachsehen.

Um die passenden Online-Partner zu finden, mit denen Sie Links austauschen könnten, sollten Sie in erster Linie nach Unternehmen Ausschau halten, die dieselben potenziellen Käufer und Standards haben wie Sie. Guerillas verpflichten sich zu einem wöchentlichen Surf, um mögliche Partner ausfindig zu machen. Wenn Sie sie gefunden haben, werden Sie kein langfristiges Arrangement treffen, sondern eine kurzfristige Vereinbarung, um zu sehen, ob es sich für beide Seiten auszahlt. Denken Sie nicht gleich an eine Ehe. Eher an einen Flirt. Wenn es Spaß macht, werden Sie es noch einmal tun.

Haben Sie ein Banner auf Ihrer Seite? Setzen Sie auf die Seite desjenigen, dem das Banner gehört, Ihr eigenes Banner. Bei Free Banner Exchange werden Sie Unmengen von Tauschmöglichkeiten entdecken (*www.netfreebies.hypermart.net/freebann.htm*). Viele Online-Unternehmen werden glücklich sein, jemanden zu finden, mit dem sie eine Marketingpartnerschaft eingehen und Banner und

Links austauschen können. Wie Sie vielleicht wissen, gibt es eine Menge solcher Gelegenheiten zur gegenseitigen Unterstützung im Cyberspace. Früher hießen diese Partnerschaften »Verbundwerbung« oder »Tie-in«. Dann wurde daraus »Co-Marketing«, und Guerillas nannten es schließlich *fusion marketing*. Heute beziehen sich all diese Begriffe auf den »Link-Tausch«.

Suchen Sie mithilfe Ihrer bevorzugten Suchmaschine intensiv nach möglichen Partnern für Ihr Online-Marketing. Beziehen Sie Ihre Gemeinde oder Ihre Handelskammer in die Suche ein. Lassen Sie sich in regionalen Verzeichnissen eintragen. Stellen Sie online Nachforschungen in Ihrer eigenen Branche an, und Sie werden eine Fülle von Leuten finden, die bisher nicht wussten, dass sie Guerillas sind, bis Sie sie anrufen oder Ihnen eine E-Mail schicken, in der Sie ihnen Ihre Idee unterbreiten.

Überzeugen Sie sie davon, dass Links ihnen helfen, Ihre Internetpräsenz zu erweitern, ohne dass es sie etwas kosten würde. Sagen Sie ihnen, dass wir in einem unabhängigen Zeitalter leben und dass Netzwerkfähigkeit für kleine Unternehmen von unschätzbarem Wert ist.

Verwenden Sie eine Software, mit der Sie die Zahl der Besucher zählen können, die durch die Website Ihres Partners auf Sie aufmerksam geworden sind. Sie werden Ihre Site nicht mit Links pflastern wollen, aber Sie wollen auch nicht all diese kostenlosen Werbechancen vergeuden. Sie wollen Ihr perfektes Gleichgewicht finden und durch Ihre Linkpartnerschaften bares Geld verdienen.

39

Einer der vielen Gründe, mit Ihrem Marketing auch online präsent zu sein, ist die Tatsache, dass *viele Aktivitäten Sie dort nichts kosten.* Der Cyberspace bietet Guerillas unzählige Möglichkeiten, ihre Zeit und Energie zu investieren, ihrer Phantasie freien Lauf zu lassen und ihren Cyber-Durchblick unter Beweis zu stellen – statt nur Geld auszugeben. Noch nie zuvor war es so einfach, seine beruflichen und geschäftlichen Träume Wirklichkeit werden zu lassen, ohne dafür viel Kapital aufzuwenden.

Ihre Teilnahme an Bulletin-Board-Dienstleistungen, auch Newsgroups oder Foren genannt, kostet nichts. Ihr Auftreten in gezielt ausgewählten Chat-Räumen kostet nichts. Möglichkeiten, Kleinanzeigen aufzugeben, warten in rauen Mengen auf Sie, und auch diese Dienstleistung ist häufig kostenlos. Besuchen Sie *www.getrealproductions.com/adlinks.html.* Sie werden eine lange Liste von Werbesites entdecken, die in Rubriken unterteilt sind und die ebenfalls so gut wie nichts kosten.

E-Mails werden deshalb so gerne genutzt, weil sie nicht nur schnell, sondern auch extrem kostengünstig sind. Sie können online aggressive, fortlaufende Guerilla-Marketing-Angriffe fahren, indem Sie E-Mails versenden, Kleinanzeigen schalten, Foren und Chat-Räume nutzen, und es wird Sie weniger kosten als eine Schachtel Zigaretten.

Sie können 24 Stunden am Tag und 365 Tage im Jahr erreichbar sein und sind von jedem noch so verlassenen Winkel der Erde nur einen Mausklick entfernt. Sie können schnell wie der Blitz sein, ohne höhere Ausgaben für dieses Privileg zu haben (sieht man einmal von der monatlichen Gebühr für den Internetzugang ab). Ihre Möglichkeiten, Konferenzen abzuhalten, Artikel zu veröffentlichen, Produktdemonstrationen durchzuführen, Kolumnen zu verfassen und Umfragen durchzuführen, sind grenzenlos. Derartige Umfragen und Erhebungen sind, nebenbei gesagt, nicht ganz kostenlos, aber eine großartige Möglichkeit, um Informationen zu beschaffen, die Sie kostenlos bekannt machen. Richten Sie mit Hilfe von SurveySez (unter *www.surveysez.com*) einen Fragebogen auf Ihrer Seite ein – ohne Programmierung.

Es wird Sie nichts kosten, Online-Pressemeldungen zu schreiben und zu verbreiten. Selbst Ihre Pressemappe ist fast kostenlos. Die Kundenreferenzen, die Sie auf Ihrer Seite präsentieren, kosten Sie keinen Pfennig. Und die Marktforschung, die Sie über ihre eigenen Online-Fokusgruppen durchführen oder aus der unendlichen Vielfalt an Daten im Online-Universum herausfiltern, kosten Sie ebenfalls nichts. Eine perfekte Spielwiese für jeden Guerilla.

Hatte ich erwähnt, dass Links ein kostenloses Online-Werkzeug sind? Hatte ich die Partnerschaft mit Online-Verbündeten erwähnt, mit denen Sie besondere Online-Events wie Konferenzen und Prominententreffs veranstalten können? Selbst die Werbung, die Sie offline für Ihre Online-Präsenz machen, kostet selten mehr als eine zusätzliche Zeile oder Einblendung in Ihren anderen Marketingmedien. *Nirgendwo ist das freie Unternehmertum (kosten)freier als im Cyberspace.*

40

Das größte Problem im Online-Marketing besteht darin, dass die bloße Online-Präsenz von vielen Unternehmern als Eier legende Wollmilchsau betrachtet wird. Sie gestalten Websites und stellen sie ins Netz, und sie haben eine E-Mail-Adresse – und dann lehnen sie sich zurück, in der Erwartung, dass ihre potenziellen Käufer nichts Besseres zu tun haben, als so lange im Internet zu surfen, bis sie sie gefunden haben und endlich ihre Bestellung aufgeben können. Aber Online-Marketing ist nicht der Wunderheiler, von dem viele träumen.

Sie müssen das Territorium kennen. Es unterscheidet sich maßgeblich von dem Terrain, auf dem Sie bisher gearbeitet haben. Sie müssen nicht nur die komplizierten Eigenarten der Suchmaschinen kennen, Sie müssen auch Ihr Wissen umsetzen können – aktiv, täglich – und mit einem Marketingmedium Schritt halten, das sich jeden Tag verändert. Nicht alle Ihre Konkurrenten sind schwerfälliger als Sie. Viele von ihnen durchforsten den Cyberspace nach Ihren potenziellen Käufern, Ihren Kunden, Ihren Gelegenheiten.

Um online erfolgreich zu sein, müssen Sie wissen, dass *das Wesen des Cyberspace das Handeln ist, sein Versprechen die Geschwindigkeit und seine aussichtsreichsten Möglichkeiten in der Interaktivität liegen*. Der Cyberspace verlangt von Ihnen, dass Sie aktiv sind, wenn Sie wollen, dass Ihre potenziellen Käufer aktiv sind. Im Internet sind schnelle Antworten gefragt und Wärme in einer kalten elektronischen Welt.

Kein Schwein weiß, dass Sie online sind, wenn Sie es ihnen nicht erzählen. Und selbst wenn Sie es ihnen erzählen, werden sie möglicherweise nicht zuhören, deshalb müssen Sie fortfahren, Ihre Online-Präsenz zu etablieren, fortfahren, mit der Technologie Schritt zu halten, fortfahren, den Verlockungen zu widerstehen, denen Sie im Internet überall begegnen, weiterhin in der Spitzengruppe bleiben, wenn es darum geht, Ihren potenziellen Käufern und Kunden Informationen zu liefern, und fortfahren, sie mit Ihrer brillanten Homepage zu überzeugen.

Wie in allen anderen Medien müssen Sie klar und gezielt handeln, aggressiv und geduldig, kundenorientiert und nachhaltig, in sich stimmig und moralisch. Aber anders als in anderen Medien müssen Sie außerdem aufmerksam und neugierig, erfrischend und aktuell sein.

Online-Marketing ist eine Aufforderung an Guerillas, härter zu arbeiten, dabei aber eine neue Richtung einzuschlagen und auf Möglichkeiten zu setzen, die niemals vorher existiert haben und von denen Sie sich viele selbst erträumt haben. Herkömmliche Marketingmethoden erfordern einen hohen finanziellen Einsatz und führen zu Nachlässigkeit und Faulheit. Online-Marketing verlangt einen minimalen finanziellen Aufwand, dafür aber eine hohe Aufmerksamkeit, Flexibilität und Schnelligkeit. Es kann Wunder bewirken; es kann Ihnen jedoch nicht die Arbeit abnehmen. Dies sind die wichtigsten Fakten, die es im Online-Marketing zu beachten gilt.

Kapitel Sechs

Das Direct-Response-Marketing

41

Direct-Response-Marketing unterscheidet sich sehr deutlich von anderen Marketingmethoden, aber Guerillas entscheiden sich meistens ohnehin dafür, beides miteinander zu kombinieren. Im ersten Fall lautet das Ziel, hier und jetzt Aufträge zu erhalten. Im zweiten Fall geht es darum, in Zukunft Aufträge zu erhalten. Obwohl ein gewisses Ausmaß an indirektem Standardmarketing erforderlich ist, um den Rahmen zu setzen, um Interessenten zum Kauf zu bewegen und um Ihrem Unternehmen ein Profil zu verleihen, werden Sie doch erst mit dem Direct-Response-Marketing wirklich Blut lecken.

Wie Sie wissen, leben wir im Informationszeitalter. Die meisten Informationen sind leicht zu beschaffen. Informationen sind jedoch keine Erkenntnisse. Es ist die Kombination aus Informationen und Nachdenken, die zu Erkenntnissen führt, und es sind die Erkenntnisse, mit denen Sie zu einem herausragenden Act in der Direct-Response-Arena werden.

Zum einen müssen Sie sich darüber im Klaren sein, dass *Direct-Response-Marketing entweder sofort funktioniert oder aber gar nicht greift.* Im Gegensatz zu den herkömmlichen Marketingmethoden, mit denen Einstellungen nur allmählich verändert werden, bis sie schließlich zu einem Kauf führen, wenn Sie alles richtig machen, werden durch Direct-Response-Guerilla-Marketing Verhaltensweisen und Einstellungen der Kunden schlagartig verändert und führen unverzüglich zum Kauf, wiederum vorausgesetzt, dass Sie alles richtig machen.

Wenn es funktioniert, dann wissen Sie es sofort. Sie müssen nicht monatelang warten, bis Ihre Botschaft den Verstand Ihrer Interessenten durchdrungen hat. Ihr zeitlich beschränktes Direct-Response-Marketing führt entweder unverzüglich zu einem Ergebnis – in Form eines Verkaufes – oder eben nicht.

Um mit Direct-Marketing in jedem beliebigen Medium erfolgreich zu sein, müssen Sie sich die folgenden Punkte vergegenwärtigen.

1. Ihr Angebot ist alles entscheidend. Die beste Präsentation der Welt ist aussichtslos, wenn Sie ein schwaches oder durchschnittliches Angebot haben.
2. Der Markt, an den Sie Ihre Botschaft richten, entscheidet über den Erfolg Ihrer Kampagne. Ihre Botschaft kann noch so richtig sein, wenn sie sich an die falschen Leute richtet, wird sie nicht zu Verkäufen führen.
3. Was Sie sagen und wie Sie es sagen, ist ebenso wichtig wie die Adressaten, an die Sie Ihre Botschaft richten. Bedienen Sie sich der Sprache Ihrer Kunden und vermitteln Sie ihnen, inwiefern Ihr Angebot ihnen zugute kommt.
4. Legen Sie über jeden Pfennig Ihrer Kampagne sorgfältig Rechenschaft ab, um einen möglichst hohen Gewinn zu erzielen. Das verlangt eine ebensolche Kreativität wie Ihre Botschaft. Guerillas sind darin wahre Meister.
5. Je häufiger Ihre potenziellen Kunden mit Ihren anderen Marketingaktivitäten in Berührung gekommen sind, desto bereitwilliger werden Sie Ihr Angebot, das Sie Ihnen per Direct-Marketing unterbreiten, akzeptieren.

Einige Grundsätze der herkömmlichen Marketingmethoden lassen sich auch auf das Direct-Response-Marketing anwenden. Sie müssen nach wie vor über den Kunden reden, nicht über sich selbst, und Sie müssen ein eindeutiges und überzeugendes Angebot unterbreiten. Aber davon abgesehen ist es ein völlig neues Spiel, eines, das Sie gewinnen können, wenn Sie Ihr Guerilla-Wissen zum Einsatz bringen.

42

Schon manch ein Unternehmen, das sonst für seine Umsichtigkeit bekannt war, hat sich dumme Fehler erlaubt, als es begann, Direct-Response-Methoden einzuführen. Glücklicherweise können Guerillas aus diesen Fehlern lernen. Sie aufzuzählen würde eine ganze Enzyklopädie füllen, aber ich werde Ihnen in aller Knappheit die zehn häufigsten und gröbsten Fehler nennen:

- Wer es versäumt, schon am Anfang Aufmerksamkeit zu erregen, verurteilt viele brillante Kampagnen zum Tode, bevor sie überhaupt eine Chance hatten, wirksam zu werden. Briefumschläge, die ersten Zeilen, Betreff-Hinweise und der erste Eindruck sind die Tore zu Ihrem Angebot, die Sie weit öffnen sollten.
- Brennen Sie ein Direct-Marketing-Feuerwerk ab. Geben Sie sich nicht mit dem zufrieden, was normal wäre. Das würde bedeuten, dass es ignoriert wird. Guerillas melden sich zu Wort, um Gehör zu finden, um in einem Meer von Mitbewerbern wahrgenommen und angefordert zu werden.
- Richten Sie Ihre Botschaft an Ihre potenziellen Käufer. Wenn Ihre Botschaft Sie selbst betrifft und nicht Ihre potenziellen Käufer, dann ist Ihre Mühe verschwendet. Potenzielle Kunden sorgen sich weit mehr um sich selbst als um Sie. Sprechen Sie sie an, indem Sie über sie sprechen.
- Sie müssen genau wissen, wer Ihre Zielgruppen sind. Recherchen, mit denen Sie Ihren Markt und Ihre Zielgruppen exakt bestimmen, sind niemals Zeitverschwendung.
- Richten Sie Ihre Telefonanrufe und Briefe nur an ernsthafte

Interessenten; sonst werfen Sie Ihr Geld zum Fenster hinaus. Wenn Sie Ihr Angebot an Kunden richten, die keinen wirklichen Bedarf haben, wird der Verkauf unglaublich hart werden.

- Richten Sie Ihr Direct-Response-Marketing an bestimmten Zielen aus. Beginnen Sie mit der Antwortmethode für Ihre potenziellen Käufer, damit Sie wissen, was Ihre Botschaft aussagen sollte.
- Heben Sie die Vorzüge hervor, die Sie bieten, bevor Sie den Preis festlegen. Wenn Sie sich über den Preis äußern, bevor Sie über die Vorteile gesprochen haben, geben Sie Ihren Kunden Informationen, die diese noch gar nicht haben wollen. Ihr Job ist es, sie dazu zu bringen, dass sie das haben wollen, was Sie ihnen anbieten; dann können Sie ihnen den Preis nennen.
- Wenn Sie sich auf den Preis konzentrieren, bevor Sie etwas anbieten, verschwenden Sie ein kraftvolles Verkaufsargument. Selbst wenn Ihr Preis unschlagbar niedrig ist, werden sich die Leute eher darüber Gedanken machen, welchen Nutzen sie von dem Kauf haben. Warten Sie den passenden Augenblick ab, bis Sie Ihren Preis nennen.
- Sie machen einen Fehler ersten Grades, wenn Sie versäumen, alles auszuprobieren, was in Ihrer Macht steht. Testen Sie Ihre Gewinnmaximierungspreise, Eröffnungszeilen, Ihre Betreffzeile, die Aufmacher auf Ihren Briefumschlägen, die Vorzüge, die Sie hervorheben müssen, die Zeiten, die Sie für den Kundenkontakt aufwenden und die Versandlisten, um die wirklichen Gewinner zu kennen.
- Wenn Sie den falschen Preis festsetzen, heißt das, dass Sie in Ihren Tests und Recherchen versagt haben. Guerillas sind sensibel für ihren Markt und ihren Wettbewerb. Finden Sie Ihren Idealpreis durch Ausprobieren und indem Sie ihn dem Litmus-Test für Profite unterziehen.

Da Direct-Response-Ausdrucksmittel immer raffinierter und wirksamer werden, konzentrieren sich Guerillas darauf, Kontakt zu den richtigen Leuten aufzunehmen, damit sie weder Geld noch Zeit an Unbekannte verschwenden. Erfolgreiche Mailings an Unbekannte bringen Rücklaufraten von 2 Prozent ein. Erfolgreiche Mailings an Kunden und ausgewählte potenzielle Käufer bringen bis zu 10 Prozent ein. Präzision führt zu Profiten.

43

Nach umfangreichen Recherchen über Ihre Märkte, Ihre Branche, Ihre Wettbewerber, die Ihnen zur Verfügung stehenden Medien, Ihre Preisspannen und die Vorteile, die Sie besonders hervorheben wollen, sind Sie in der Lage, Ihr Direct-Response-Material zu entwickeln. Die Materialien, die Sie erarbeiten, sollen in Direct-Mail-Aktionen, im Versandgeschäft, in der Printwerbung, im Direct-Response-Fernsehen und -Rundfunk und im Telefonmarketing eingesetzt werden. Sie können sie auch in Postkartenständern, in Einkaufsshows im Fernsehen, in Katalogen, auf Websites und Messen nutzen – sie sind geeignet für jede beliebige Methode des Marketings, mit der versucht wird, unverzüglich eine Kaufentscheidung herbeizuführen. Ein Mittelsmann ist nicht nötig.

Zwar wird im Direct-Response-Marketing zu Beginn (mithilfe der Massenmedien) Schrotschuss-Marketing betrieben; für den größtmöglichen Erfolg sollten die Kunden jedoch den Eindruck haben, es handele sich um ganz gezielte Aktivitäten. Auch wenn Sie an eine Million Leute Briefe verschicken, sollten Sie sich darüber im Klaren sein, dass jeder von ihnen Ihre Botschaft zu seiner Zeit hört oder liest. Allein dieses Wissen kann Ihre Rücklaufquoten in die Höhe treiben.

Es spielt keine Rolle, auf welche Medien Sie im Einzelnen zurückgreifen. Wichtig ist, dass Sie dem Anfang viel Aufmerksamkeit zukommen lassen. Sie müssen immer die Sprache des Empfängers sprechen. Sie müssen immer sowohl seinen Zeitaufwand als auch seine Intelligenz respektieren. Und Sie müssen ein Angebot unterbreiten, das einfach zu verführerisch ist, um ihm zu widerstehen. Die Technik beeinflusst die Kanäle, über die Sie auf Ihren Markt zugreifen, die Geschwindigkeit, mit der Sie Informationen vermitteln können, und die Leichtigkeit, mit der die Kunden Ihr Angebot annehmen, aber letztendlich geht es beim Direct-Response-Marketing mehr um Menschen als um Dinge.

Deshalb müssen Sie mit Ihrer Botschaft unter Beweis stellen, dass die Menschen Ihnen das Wichtigste sind. Entwickeln Sie ein Marketingmaterial, mit dem Sie das Vertrauen der potenziellen Kunden gewinnen und sie in ihren Hoffnungen bestärken können, das aber Ihr Budget nicht brutal auffrisst. Bieten Sie immer Werte ohne Rücksicht auf den Preis, und seien Sie gewiss, dass Ihre Konkurrenten sich gegenseitig aus dem Feld räumen, während Sie Ihren potenziellen Käufern und Kunden den Hof machen. Selbst wenn sie die Technik besser nutzen als Sie – woran sind sie mehr interessiert? An sich selbst oder an den Leuten, die sie umwerben? Ich weiß jedenfalls, wo Sie Ihre Prioritäten setzen.

Es ist unglaublich schwierig, die Menschen wirklich dazu zu bringen, ihr mühsam verdientes Geld für die Dinge auszugeben, die Sie ihnen anbieten. Aber genau das geschieht jeden Tag. Und auch wenn es den Anschein hat, als würde Ihr Job durch den zunehmenden Umfang des Direct-Response-Marketing und die wachsende Anzahl von Möglichkeiten zu einer größeren Herausforderung, so wird er durch den Pragmatismus und die Cleverness des Guerillas doch erleichtert. Nach einer ausgiebigen Testphase wissen Guerillas genau, was zu tun ist.

Wer im Direct-Response-Marketing unerfahren ist und mit seinen Marketingaktivitäten begonnen hat, ohne seine Hausaufgaben gemacht zu haben, hat die Qual der Wahl. Guerillas, die sich vorbereitet haben, können ihre Wahlmöglichkeiten jedoch schon einschränken, bevor sie beginnen.

44

Wenn Sie über sich hinauswachsen, werden Sie die Resultate Ihrer Direktmarketing-Kampagne dramatisch verbessern können. Auch mit großen Kampagnen treffen Sie normalerweise nicht immer direkt ins Schwarze. Doch meistens sind Sie ganz nah dran, und wenn Sie dann noch ein kleines bisschen mehr Energie investieren, rückt Ihr Ziel in greifbare Nähe.

Über sich hinauszuwachsen bedeutet, dass Sie alles daran setzen, um eine noch bessere Mailing-Liste, eine noch überzeugendere Botschaft für die Briefumschläge oder die Betreffzeile, eine noch bessere Formulierung Ihrer Botschaft zu finden. Je mehr Nachforschungen Sie fortlaufend betreiben, umso genauer werden Sie erfahren, was Ihre Kunden an Ihnen lieben – und an Ihren Wettbewerbern. Ihre Extraportion Engagement wird Ihren Botschaften Zündstoff geben.

Am erfolgreichsten sind Sie, wenn Sie Experimente wagen. Auch wenn Sie vielleicht schon eine erfolgreiche Kampagne haben, sollten Sie ständig andere Märkte, andere Botschaften, andere Methoden des Direct-Response-Marketing testen, immer noch ein wenig mehr geben, um Ihre Direktmarketing-Muskeln zu trainieren.

Wir wissen alle, dass großartige Dinge selten sofort passieren, und das gilt auch für Direktmarketing-Kampagnen. Selbst die Besten dürfen nichts unversucht lassen, um noch besser zu werden, sonst bauen sie mit der Zeit ab. Das Gefühl für die Dringlichkeit, das für Unternehmen mit Direktmarketing-Aktivitäten so wichtig ist, wird mit der Wiederholung weniger wirksam. Während Wiederholung im Massenmarketing entscheidend ist, damit eine Kampagne sich einprägt, ist sie im Direktmarketing nicht unbedingt erforderlich. Gewiss können Angebote wiederholt werden, aber die Grenze, die Sie nicht überschreiten wollen, ist viel näher als Sie glauben.

Die erfolgreichsten Direktverkäufer spielen ein endloses Spiel, das auf Rekorde ausgerichtet ist, und dabei geht es nicht nur darum, die Rücklaufquoten zu steigern, sondern darum, ihre Profite mit jeder Marketinganstrengung, die sie unternehmen, in bislang ungeahnte Höhen zu treiben. Ihr erster Verbündeter ist nicht ihr Budget, sondern ihr Wunsch, über sich hinauszuwachsen, sich zu verbessern und Rekorde zu brechen.

Rekorde werden aufgestellt, um gebrochen zu werden, nicht um zum Standard zu werden. Das bedeutet, dass Veränderung Teil des Spiels ist, mit dem die Profite kontinuierlich steigen. Es bedeutet, dass regelmäßig neue Rekorde aufgestellt werden müssen, und das nicht durch bedeutende neue Marketingkampagnen, sondern weil es stetige geringfügige Verbesserungen gibt, die von einer soliden Grundlage aus erbracht werden. Guerillas werden durch Fehler in ihren Experimenten nicht zurückgeworfen, sondern eher bestärkt.

Die Kunden verändern sich, und Guerillas halten mit den Wünschen und Bedürfnissen, Erwartungen und Hoffnungen ihrer Kunden Schritt. Die Marketing-Tools, die im letzten Jahr Wunder wirkten, sind inzwischen vielleicht wertlos. Die Direct-Mail-Kampagne, die im letzten Jahr zu satten Gewinnen geführt hat, könnte von der Internetseite überholt worden sein, die Sie dieses Jahr ins Netz gestellt haben. Aber diese wundervollen Dinge geschehen nicht aufgrund eines Geniestreichs. Jetzt ist Ihnen klar: Sie verdanken sie der Extraportion Engagement und Experimentierfreudigkeit, die Sie an den Tag legen.

45

Es ist kein Geheimnis, dass Rundfunk und Fernsehen zu den wirkungsvollsten Waffen der Guerillas gehören, die Direct-Response-Marketing einsetzen. Nur wenige kleine Unternehmen wissen, wie wenig es eigentlich kostet, die Wirkung dieser für das Direct-Response-Marketing überaus wichtigen Medien zu testen. Lassen Sie sich nicht durch die Massenmedien einschüchtern, nur weil Sie ein kleines Unternehmen haben. Sie sind keineswegs so unerreichbar, wie Sie vielleicht glauben, und konnten sehr wohl dazu beitragen, höhere Gewinne zu erwirtschaften, als Sie für möglich halten. Diese Tatsache ist entscheidend.

Anstatt Ihre KPM – Ihre Kosten pro Million – zu messen, wie es das traditionelle Marketing diktiert hatte, messen Sie Ihre KPB – Ihre Kosten pro Bestellung. Wenn Sie für jeden 10-Mark-Schein, den Sie in Werbezeiten im Fernsehen investiert haben, im Verkauf 20 Mark hereinholen, dann machen Sie Ihre Sache sehr gut. Jeder Guerilla wird mit Begeisterung 10 000 Mark in Fernseh- oder Rundfunkwerbespots investieren, wenn er im Verkauf 20 000 Mark verdient.

Aber bleiben Sie auf dem Teppich. Schließlich müssen Sie von diesen 20 000 nicht nur die Kosten für Ihre Werbezeit im Fernsehen abziehen, sondern auch die Kosten für Ihr Produkt, die Kosten für die Produktion des Spots, Ihre laufenden Kosten und jede andere Summe, die Sie ausgegeben haben, um die 20 000 im Verkauf zu realisieren. Was übrig bleibt, ist Ihr Profit. Wenn Sie kein Geld übrig haben, brauchen Sie einen niedrigeren KPB, also geringere Kosten pro Bestellung – oder einen anderen Preis.

Obwohl abzusehen ist, dass das Internet sowohl Rundfunk als auch Fernsehen im Handelsverkehr überholen wird, so werden Rundfunk und Fernsehen doch als Hauptstützen des Marketings bestehen bleiben, weil Sie hier sicher sein können, dass sie Profite für Sie hervorbringen, vorausgesetzt, dass Sie bestimmte Kriterien erfüllen können.

Um von Beginn an erfolgreich zu sein, sollte Ihre Gewinnspanne etwa 500 Prozent betragen. Wenn es Sie beispielsweise 20 Mark kostet, etwas herzustellen oder einzukaufen, dann sollten Sie in Ihrem Angebot im Fernsehen oder im Radio 99,95 Mark verlangen. Ihr Produkt muss massenmarkttauglich sein, sich besonders an Arbeiter, Handwerker und Facharbeiter richten, an das Mittelklassesegment der Bevölkerung. Die Einzigartigkeit Ihres Produkts wird es erfolgreich machen, und wenn es sich dazu eignet, in Gebrauch demonstriert zu werden, sollten Sie das Fernsehen einsetzen, weil es für diesen Zweck das wirkungsvollste Medium ist.

Auch wenn die Zahl der Produkte, für die in Rundfunk und Fernsehen geworben wird, noch immer Jahr für Jahr zunimmt, sind Sie mit Produktkategorien, die sich in diesen Medien bewährt haben, auf der sicheren Seite: Bücher, Videos, Gesundheits- und Schönheitsmittel, CDs, Haushaltsgegenstände, Matratzen und Produkte, die besonders auf die Zielgruppe des jeweiligen Senders abgestimmt sind, wie beispielsweise Sportausrüstung im Sportsender.

Ihre Spots müssen die Emotionen Ihrer Hörer oder Zuschauer wecken. Angst, Gier, Schönheit und Sex sind die klassischen Verkaufsargumente. Sie müssen alle Kreditkarten akzeptieren und Ihren Käufern erlauben, in Raten zu zahlen. Jedes einzelne Wort, das Sie sagen, muss allein dem Zweck dienen, den Verkauf bereits dann abzuschließen, wenn das Publikum Ihren Spot sieht oder hört. Verzögerungen sind fatal. Zeigen oder nennen Sie Ihre kostenlose Rufnummer mit Stolz. Wenn Sie diese Methode in drei kleineren Märkten testen und Ihr Ziel verfehlen, werden Sie an den Kosten für die wirkungslose Kampagne nicht zugrunde gehen. Wenn Sie jedoch Erfolg haben, können Sie die Spots landesweit nutzen und reichlich Gewinne einfahren.

46

Weil Technologien verfügbar sind, die geringe Produktionskosten garantieren, und weil es das Internet gibt, das eine große Bandbreite an Möglichkeiten bietet, setzen immer mehr Guerillas auf Kataloge, um ihre Produkte zu vermarkten. Einen solchen Katalog können Sie auch gut ins Internet stellen. Die Zeiten, in denen es den ganz Großen im Versandgeschäft vorbehalten war, Kataloge für ihr Marketing einzusetzen, sind endgültig vorbei.

Um einen Katalog zu veröffentlichen, brauchen Sie nichts anderes als Ihren eigenen Computer, und dann können Sie ihn gezielt über Listen verschicken oder ins Netz stellen. Ihre Kunden finden Sie mithilfe von Suchmaschinen oder durch Links auf den Internetseiten Ihrer Marketingpartner. Via Katalog werden potenzielle Käufer nicht nur mehr über Sie erfahren, sondern können auch Ihr Angebot kennen lernen, an Ort und Stelle auswählen und ihre Bestellungen aufgeben.

Obwohl viele Versandunternehmen ihre Kataloge schon nicht mehr auf Papier drucken, ist mein Briefkasten doch immer noch voll davon. Auch meiner Tageszeitung liegen regelmäßig Kataloge bei. Und die Namen, die darauf stehen, sind im Geschäft keine Unbekannten. Die Kataloge erscheinen in regelmäßigen Abständen, und wenn Sie die Namen erfolgreicher Firmen auf regelmäßig verschickten Katalogen sehen, wird Ihnen klar werden: Sollten im Zentrum Ihrer Geschäftsaktivitäten Kunden stehen, die regelmäßig bei Ihnen kaufen, dann kann ein Katalog Sie reich machen.

Sprechen Sie Ihre Kunden so an, als wüssten Sie, was sie gerade denken und zeigen Sie ihnen, dass Sie ihre Sorgen teilen. Behandeln

Sie Ihre besten Kunden besonders gut, geizen Sie nicht mit Aufmerksamkeit, schicken Sie ihnen Gratisproben und individuelle Botschaften. Halten Sie es niemals für selbstverständlich, dass Sie diese Kunden haben.

Viele alte Regeln für das Geschäft per Katalog sind nicht mehr aktuell, seit es das Internet gibt. Sie können in kleine Medienanzeigen investieren, in denen Sie um Aufmerksamkeit für Ihre Homepage werben und Ihren Katalog online verbreiten. Damit wenden Sie sich gezielt an die Leute, die sich die Zeit nehmen, Ihre Seite zu besuchen. Ermutigen Sie sie, sich einzutragen, um Ihren Katalog regelmäßig zu beziehen. Ihn per Post zu verschicken ist teuer. Ihn online zu verschicken ist dagegen von unschätzbarem Wert. Je mehr Aufmerksamkeit Sie darauf verwenden, die Möglichkeiten des Internets mithilfe Ihres Kataloges voll auszuschöpfen und umgekehrt, desto mehr werden Sie dieses außergewöhnliche Medium zu Ihrem größten Vorteil im Versandgeschäft nutzen.

Doch nicht alle alten Regeln haben ihre Gültigkeit verloren. Ihr Produkt muss als herausragender Wert wahrgenommen werden. Sie müssen Ihren potenziellen Käufern ausreichend Informationen vermitteln, damit sie eine sinnvolle Kaufentscheidung treffen können. Sie müssen es extrem leicht machen, eine Bestellung aufzugeben. Und Sie müssen es unwiderstehlich machen, genau in diesem Moment genau bei Ihnen zu kaufen.

47

Guerillas sind sich der Ausbreitung des Direct-Response-Marketings in aller Welt heute vollkommen bewusst. Es ist nicht zu übersehen – auf Ihrem Computerbildschirm, in Ihrem Briefkasten, per Telefon, im Radio, im Fernsehen, auf Plakaten und in Zeitungen und Zeitschriften. Guerillas wissen, dass *es schwieriger ist denn je, ihr Sandkorn am Strand auffallen zu lassen*. Zahllose andere Sandkörner sind draußen unterwegs, und jedes wirbt und hofft auf Aufmerksamkeit. Jedes davon konkurriert mit dem Ihren, weil es auf Aufmerksamkeit, auf Geld, Zeit und einem Gedankenaustausch besteht. Wie können Sie nun Ihr Sandkorn zu dem einen machen, das zum Kauf führt?

Sie müssen nachvollziehen, wie Ihre potenziellen Käufer denken. Was lesen sie, was sehen sie sich im Fernsehen an? Welches sind ihre herausragenden Interessen? Sie können sicher sein, dass das, worauf sie antworten, ihr Interesse gefunden hat.

Sie können Ihr Angebot so faszinierend für Ihre potenziellen Käufer gestalten, dass sie buchstäblich verführt werden. Im Mittelpunkt des Angebotes sollten Ihre Kunden stehen, nicht Sie. Und es muss sich von den anderen Angeboten, die ihnen wiederholt unterbreitet werden, deutlich abheben.

Aber selbst wenn es sich um ein Angebot handelt, das zu gut ist, um ignoriert zu werden, wie können Sie sicher sein, dass es ihre Aufmerksamkeit findet? Es muss in ihren Augen einzigartig sein. Wenn es so aussieht wie all die anderen Direct-Response-Bittschreiben, landet es sofort im Papierkorb oder wird ignoriert. Vor 90 Jahren hätte es ausgereicht, einen Brief zu verschicken. Aber heute müssen Sie anders vorgehen, weil fast alle Firmen Briefe verschicken und die Aufmerksamkeit der Kunden erregen wollen.

Guerillas erreichen dies, indem sie ihr Angebot auf stets wechselnde Art und Weise abgeben, indem sie außergewöhnliche Grafiken und Farben einsetzen, ein präzises Timing an den Tag legen, von Grund auf ehrlich sind, emotional ansprechende Formulierungen benutzen und einen Sinn für zielgerichtete Kommunikation haben. Sie verschwenden niemals die Zeit ihrer potenziellen Käufer. Guerillas wollen mit ihrem Marketing mitten ins Schwarze treffen. Sie versuchen nicht, irgendjemandem irgendetwas zu sagen – sie konzentrieren sich darauf, einer ganz bestimmten Person eine ganz bestimmte Botschaft ins Ohr zu flüstern.

Sie sehen sich genau an, was ihre Wettbewerber tun – und machen es dann besser. Sie wählen die Direct-Response-Taktiken aus, die bei anderen funktionieren, und passen diese Taktiken dann den eigenen Bedürfnissen an. Sie experimentieren mit der Technik. Sie erfahren von ihren Kunden genau, was diese zum Kauf motiviert hat. Nachforschungen und Geduld helfen ihren Sandkörnern, die Flut zu überstehen.

48

Auch wenn Sie sich der Aufmerksamkeit Ihrer potenziellen Käufer sicher sein können, haben Sie erst einen Teil Ihres Weges zurückgelegt. Sie müssen nun dafür sorgen, dass die Kunden Ihr Produkt haben wollen, dass sie erkennen, inwieweit es ihr Leben verbessern wird, dass es so viel Geld wert ist, wie Sie dafür verlangen, und dass genau dieser Augenblick der ideale Zeitpunkt ist, es zu besitzen.

Ihr Angebot muss so verführerisch sein, dass Ihr Kunde es für die beste Alternative hält, es zu akzeptieren. Ein solches Angebot muss drei Elemente enthalten:

- Ihr Angebot sollte eindeutig sein, ungeachtet der anderen Details, denn wenn die Käufer es nicht gänzlich verstehen, werden sie es möglicherweise nicht annehmen. Viele Angebote sind nur dem Verkäufer klar, nicht aber dem potenziellen Käufer.
- Ihr Produkt muss offensichtliche Vorzüge für die potenziellen Kunden besitzen, wenn es darum geht, ihr Leben zu verbessern, egal ob im privaten oder beruflichen Bereich. Potenzielle Käufer werden sich durch besondere Produktmerkmale angezogen fühlen, aber der Weg zu ihren Herzen führt über ihren ganz persönlichen Nutzen.
- Ihr Angebot muss als solider Wert erscheinen. Viele potenzielle Käufer sind nicht unbedingt an einem günstigen oder sogar dem Niedrigstpreis interessiert, aber alle wollen einen großartigen Gegenwert. Und viele von ihnen lieben kleine Zahlen, deshalb wird ihnen das Angebot gefallen, in Raten zahlen zu können.

Die besten Angebote sind diejenigen, die um eine kostenlose Probe erweitert sind, weil sie jedes spürbare Risiko beim Kauf ausschließen. Wenn Sie genügend Vertrauen in Ihr Angebot haben, ist es einen Versuch wert, diese Taktik zu testen. Angebote, die auf kurze Zeiträume begrenzt sind, werden ebenfalls eher angenommen, besonders dann, wenn es sich offensichtlich um ein Schnäppchen handelt. Angebote, mit deren Annahme ein kleines Geschenk in Aussicht gestellt wird, sind erfolgreicher als solche ohne einen derartigen Anreiz. Erstmalige Angebote sind besser als Wiederholungsangebote, aber gleichzeitig berichten viele Verkäufer auch von ihrer Erfahrung, ein Angebot mehr als einmal machen zu müssen, um erfolgreich zu sein.

Eine gemeinnützige Organisation stellte fest, dass die Reaktion auf ihr zweites Mailing, das mit einem vorangegangenen identisch war, nahezu dieselbe Rücklaufquote erbrachte wie das erste. Ein drittes Mailing dagegen erwies sich als finanzielles Desaster. Es ist wichtig zu wissen, wann man aufhören muss, aber nicht alle Märkte sind gleich – deshalb werden Sie selbst experimentieren müssen, um Ihre eigenen Grenzen kennen zu lernen.

Die erste Firma, die dasselbe Angebot macht wie Sie, hat die besten Chancen, dass ihr Angebot angenommen wird. Sie müssen Ihr Angebot mit etwas verbinden, das *in den Gedanken Ihrer potenziellen Käufer bereits seinen festen Platz hat.* Je enger die Verbindung, desto wahrscheinlicher ist der Verkauf.

49

Es ist nicht einfach für potenzielle Kunden, Ihrem Angebot den Zuschlag zu geben, wenn sie bisher noch nie etwas von Ihnen gehört haben, wenn sie Ihrem Unternehmen nicht gänzlich vertrauen oder wenn Sie die notwendige Glaubwürdigkeit noch nicht haben etablieren können.

Einige Firmen versuchen, dies kurzfristig zu bewirken, indem sie spektakuläre Angebote machen, und manchmal werden solche Angebote auch angenommen. In den weitaus meisten Fällen jedoch ziehen die Kunden es vor, keine Geschäfte mit Fremden zu machen. Und für die meisten Leute im Universum sind Sie ein Fremder.

Sie können sich bekannt machen, indem Sie andere Marketingstrategien nutzen, die den Rahmen für Ihr Direktmarketing-Angebot bilden. Wenn Leute in Zeitungen und Zeitschriften über Sie lesen, im Radio von Ihnen hören oder in anderen Medien etwas über Ihr Unternehmen erfahren, dann gewöhnen sie sich daran, Ihre Angebote anzunehmen. Sie sind aus der Reihe getanzt und damit in die Sphäre der Vertrautheit eingedrungen.

Es ist für Sie von unschätzbarem Wert zu wissen, wie *Vertrautheit* die Kluft zwischen »Ich habe noch nie von Ihnen gehört und zögere deshalb, ob ich Ihr Angebot annehmen soll« und »Ich habe von Ihnen gehört und vertraue Ihnen und deshalb nehme ich Ihr Angebot an« überbrücken kann.

Vertrautheit entwickelt sich mit der Zeit. Sie werden durch Ihre Marketingmittel wiedererkannt, vor allem durch jene, mit denen Sie bestimmte Angebote unterbreiten. Wenn Sie beispielsweise ein Mailing verschicken wollen, wecken Sie schon vorher die Aufmerksamkeit mithilfe von Postkarten oder einer kurzen Nachricht, bevor Sie zu Ihrer wirklichen Marketingwaffe greifen.

Manche Guerillas vertrauen auf den »Zwei-Phasen-Prozess«. Als Initialmarketing wird eine kostenlose Broschüre oder ein kostenloses Video angeboten, um den potenziellen Käufer für den Verkauf weich zu stimmen. Das ist Phase eins. Und schon haben sie unbemerkt Phase zwei erreicht, in der sie die potenziellen Kunden – in einem Brief oder mit einem Telefonanruf – zum Kauf bewegen wollen. Aufgrund der wertvollen Informationen, die Sie bereits im Vorfeld geliefert haben, ist der Verkauf leichter zum Abschluss zu bringen.

Der Prozess, mit dem Sie loyale Kunden gewinnen, beginnt bereits, wenn die potenziellen Kunden erstmals von Ihrer Existenz erfahren. Er findet seine Fortsetzung im Respekt des Kunden vor Ihrem Unternehmen. Schließlich will der potenzielle Käufer mehr über Sie erfahren, sieht, dass dies möglich ist, studiert Ihr Marketingmaterial und entscheidet schließlich, dass Sie vertrauenswürdig sind und Produkte oder Dienstleistungen von untadeliger Qualität anbieten. Das ist der Punkt, an dem der potenzielle Kunde bereit ist, ja zu Ihrem Angebot zu sagen.

Und an diesem Punkt sollten Sie zuschlagen. Wenn Sie den Verkauf schon abschließen wollen, bevor Sie das Vertrauen der Käufer gewonnen haben, ist die Chance für einen Fehlschlag groß – egal wie bestechend das Angebot ist. Dieses Risiko nehmen Guerillas nicht auf sich.

50

Schätzungen besagen, dass im Jahr 2001 mithilfe von Direct-Mail 346 Milliarden Dollar durch Verkäufe an Privatpersonen und 238 Milliarden Dollar durch Verkäufe an Unternehmen erwirtschaftet werden. Dieser Kuchen ist zu groß und zu verlockend für Guerillas, um ignoriert zu werden. Deshalb beschäftigen sie sich auch eingehend mit den Erfolgen anderer Direktverkäufer. Wenn Guerillas nur das berücksichtigten, was in der Vergangenheit erfolgreich war, wären sie noch lange nicht auf ein Leben in der Zukunft vorbereitet – das ist erst der Fall, wenn sie die Erkenntnisse aus erfolgreichen Direktmarketing-Kampagnen der Vergangenheit mit den Möglichkeiten kombinieren, die sich ihnen in der Gegenwart bieten. Die Vergangenheit würde ihnen wenig Aufschluss über die Chancen des Online-Marketings oder des Faxmarketings geben.

Guerillas wissen, dass die Öffentlichkeit heute schon alles gesehen und alles erlebt hat. Und wie können sie die erfolgreichen Direct-Response-Kampagnen von den erfolglosen unterscheiden? Guerillas wissen, dass sie nach Mailingaktionen Ausschau halten müssen, die so erfolgreich waren, dass sie wiederholt wurden.

Vor allem aber verlassen sie sich nicht nur auf ihren Bauch, sondern experimentieren unaufhörlich. Sie wissen genau, dass Unternehmen wie das *Time Magazine*, das seit Jahrzehnten mit Direct-Marketing um Abonnenten wirbt und Hunderte von Briefen und Fernsehspots getestet hat, bis zu 15 000 Dollar für das Verfassen eines Mailings zahlen. Und die Experimente werden unaufhörlich fortgesetzt, weil es im Direct-Response-Marketing um hohe Summen geht und weil winzig kleine Zuwächse häufig über riesige Gewinne und niederschmetternde Fehlschläge entscheiden.

Vergessen Sie niemals, welche Macht das kleine Wort »kostenlos« hat. An dem folgenden Test mit drei unterschiedlichen Angeboten, die alle zum selben Preis erfolgen, können Sie genau erkennen, welche Auswirkungen dieses Wort hat. Im ersten Angebot wurde eine Dienstleistung für 99 Dollar im ersten Jahr und 10 Dollar im zweiten Jahr angeboten. Im zweiten Angebot war die Rede von zwei Jahren mit einem jeweils 50-prozentigen Preisnachlass. Im dritten Angebot wurde dieselbe Dienstleistung im ersten Jahr für 109 Dollar, im zweiten Jahr kostenlos angeboten. Auf das dritte Angebot war der Rücklauf um 40 Prozent höher als auf die Angebote eins und zwei.

Thomas Edison sagte: »Im Leben geht nur deshalb so oft etwas schief, weil die Leute nicht realisieren, wie nah sie am Erfolg sind, bevor sie aufgeben.«

Guerillas sehen dies als eine Herausforderung, an der sie sich versuchen müssen, in der sie besonderen Einsatz zeigen müssen, für die sie aus den Erfolgen anderer lernen müssen. Weil sie nicht bereit sind aufzugeben, werden sie nicht in die Lage kommen, kurz vor dem Durchbruch aufzuhören. Sie wissen, dass sie den Weg erkennen werden, wenn sie genau genug hinsehen.

Kapitel Sieben

Die Menschen

51

Ich muss wohl kaum daran erinnern, dass Marketing viel mehr mit Menschen zu tun hat als mit Dingen. Je besser Sie Menschen verstehen und je mehr Sie sie mögen – denn jeder Mensch ist faszinierend –, desto eher sind Sie in der Lage, Geschäfte mit ihnen zu machen. Sie sind schon jetzt einigermaßen gut ausgerüstet, schließlich sind Sie ein Mensch, und damit haben Sie schon viel mit Ihren Adressaten gemeinsam. Aber darüber hinaus muss jeder Guerilla die folgenden zehn Charakterzüge aufweisen.

- Sie müssen geduldig genug sein, damit Ihre Marketingaktivitäten greifen und Wirkung zeigen können. Das geschieht nicht über Nacht, aber es wird geschehen, wenn Sie die Stärke haben, am Ball zu bleiben. Die meisten Firmeninhaber können genau das nicht.
- Sie müssen die Vorstellungskraft haben, um die Medien so sinnvoll wie möglich zu nutzen, um zu sehen, inwiefern Ihnen Technologien helfen können, um sich durch den Marketingdschungel zu kämpfen und sich einen Weg zu bahnen, damit Ihre Botschaft ihr Ziel erreicht.
- Sie müssen über die Sensibilität verfügen, um die Perspektive Ihrer Kunden und Interessenten sowie Ihrer Konkurrenten einzunehmen. Je einfühlsamer Sie sind, desto mehr Gewinn werden Sie machen.
- Sie müssen das Selbstbewusstsein haben, sich gegen die Leute zu behaupten, die Sie aufrichtig mögen, die Ihnen jedoch die schlechtesten Ratschläge geben, die Sie sich für Ihr Marketing

vorstellen können: Ihre Mitarbeiter, Ihre Angestellten, Ihre Familie und Freunde. Sie werden Ihrer Marketingaktivitäten schon lange überdrüssig, bevor es Ihren Kunden so ergeht.

- Sie müssen aggressiv genug sein, um eine große Bandbreite an Waffen einzusetzen und damit Ihren Wettbewerb hinter sich zu lassen. 1998 investierten die US-amerikanischen Unternehmen 4 Prozent ihrer Bruttoumsätze in ihr Marketing. Sie müssen noch aggressiver sein.
- Sie müssen den Wunsch verspüren, kontinuierlich zu lernen, damit Sie sich auch in Zukunft auf dem Marketingspielfeld strategisch positionieren können. Die Marketingoptionen verändern sich schneller als je zuvor. Tun Sie alles, um auf der Höhe der Zeit zu bleiben.
- Sie müssen großzügig sein und über die Größe verfügen, Dinge kostenlos abzugeben, wenn Sie Ihren Kunden damit helfen können. Das gilt insbesondere für Informationen. Nur wer gerne gibt, öffnet damit die Türen, durch die er etwas nehmen kann.
- Sie müssen Ausdauer haben, weil Marketing ständige Aufmerksamkeit erfordert – um die Marketingaktivitäten aufrechtzuerhalten, sie immer wieder anzupassen und kontinuierlich zu verbessern. Nur ausdauernde Menschen sind in der Lage, diesen Dingen die angemessene Aufmerksamkeit zu schenken.
- Sie müssen gut mit anderen Menschen umgehen können, damit Sie verstehen, was in Ihren Zielgruppen vorgeht. Viele Firmeninhaber interessieren sich mehr für materielle Dinge und für theoretische Konzepte als für Menschen, aber gerade die sind es, an denen Sie interessiert sind.
- Halten Sie Ihren Fokus aufrecht. Wenn Sie ihn aus den Augen verlieren, wird Ihre Marketingkampagne erlahmen. Es ist schwierig, sich durch die alltäglichen Angelegenheiten nicht ablenken und verführen zu lassen, aber Ihr Fokus ist ein starker Verbündeter.

52

Sie haben ein Gespür für die Strukturen erfolgreicher Guerillas, aber ebenso gut müssen Sie die Strukturen der Verbraucher kennen. Die Verbraucher sind heute in Bezug auf Marketing wesentlich mündiger als je zuvor. Sie kennen alle Tricks und sind sicher schon auf einige hereingefallen – ihr Radar ist darauf ausgerichtet, jeden Anflug von Betrug sofort zu orten.

Das vorrangige Bedürfnis zielt auf finanzielle Sicherheit ab, dann folgt der Wunsch nach einem eigenen Heim, einer Familie, einem sicheren Job und schließlich der Wunsch, glücklich zu sein. Ein hervorragendes Marketing trägt dazu bei, dass die Verbraucher ihre Träume verwirklichen können.

Ihre potenziellen Kunden möchten wissen, wie Sie ihre Probleme lösen werden. Sie suchen nach Möglichkeiten, ihr Leben zu vereinfachen, ihren Stress zu reduzieren und Unternehmen zu unterstützen, die ihre Werte teilen – den Schutz der Familie, Aufrichtigkeit, feste Beziehungen, Selbstachtung, Freiheit, Freundschaft und Respekt vor den eigenen Wurzeln.

Kunden möchten Produkte und Dienstleistungen kaufen, die einen besonderen Sinn für sie ergeben, selbst wenn das mit einem höheren Preis verbunden ist. Sie horchen in sich hinein, um herauszufinden,wie sie von einem Kauf bei Ihnen profitieren können. Kaufentscheidungen sind heute mehr denn je von Emotionen abhängig. Und so setzen Guerillas jeden Nutzen, den sie anbieten, mit bestimmten Emotionen in Verbindung.

Kunden machen nur Geschäfte mit Unternehmen, die ihr Vertrauen haben, die über Glaubwürdigkeit verfügen, die ihnen von ihren Freunden empfohlen werden, die glaubhafte Behauptungen aufstellen und mithilfe starker Garantieleistungen ein möglichst geringes Risiko anbieten. Sie kaufen in Unternehmen, die ihnen das Leben bequemer machen, die Respekt für sie zeigen und ein Lebensgefühl an den Tag legen, das ihrem eigenen entspricht. Sie kaufen Ordentlichkeit und Klarheit. Sie kaufen Ihren Ruf.

Kunden kaufen keine hochtrabenden Adjektive, keine übertriebenen Behauptungen, keine großspurigen Schlagzeilen, keine Spezialeffekte, kein Marketing, das deutlich oder auch nur andeutungsweise Amateurhaftigkeit vermittelt, kein hoch technisiertes Marketing, keinen Branchenslang, keine Ultraniedrigpreise, keine Dinge, die sich noch nicht bewährt haben, keine grafische Gestaltung, die den Blick auf die Botschaft verstellt. Sie kaufen nicht von Anbietern im Internet, die sie warten lassen.

Sie kaufen auch keinen Humor, hinter dem die Vorteile nicht mehr erkennbar sind, keine Angebote, für die in unleserlicher Schrift, grammatikalisch falsch oder mit Rechtschreibfehlern geworben wird. Sie kaufen nicht von Verkäufern, die nicht zuhören, und sie kaufen keine Dinge, die sie nicht verstehen oder denen sie nicht trauen.

Die Leute reagieren auf Marketingstrategien, die potenzielle Kunden einbeziehen und informieren. *Sie wünschen sich lang anhaltende, fürsorgliche Geschäftsbeziehungen.* Diese Erkenntnis wird Ihnen helfen, sich von Ihren Konkurrenten abzuheben und Ihren Kunden und potenziellen Kunden im Gedächtnis zu bleiben.

53

Ihre potenziellen Kunden sind Ihnen sehr ähnlich, abgesehen davon, dass sie Geschäftsbeziehungen zu einem Ihrer Konkurrenten unterhalten. Ihr Glück, dass Ihre Konkurrenten mit großer Wahrscheinlichkeit nicht um die Bedeutung der Kundenkontaktpflege wissen und den Kunden dadurch das Gefühl geben, ignoriert zu werden.

Ihre vielversprechendsten zukünftigen Kunden sind davon betroffen. Sie unterhalten schon Geschäftsbeziehungen zu einem Unternehmen wie dem Ihren und sind vielleicht ernüchtert, weil sie nach ihrem Kauf sich selbst überlassen werden. Aus diesem Grunde identifizieren Guerillas die für sie interessantesten potenziellen Kunden und beginnen dann mit dem Prozess des Umwerbens.

Die meisten Firmeninhaber nehmen ein- oder zweimal Kontakt zu potenziellen Kunden auf, und wenn diese kein Interesse zeigen, dann wenden sie sich den weißen Flecken auf der Landkarte zu und träumen vom in Wahrheit nicht existierenden Schlaraffenland. Guerillas hören nicht auf, die Menschen, die sie umwerben, zu romantisieren. Irgendwann haben die potenziellen Kunden das Gefühl, dass man sich so sehr um sie kümmert, ihnen so viel Aufmerksamkeit schenkt, dass sie so wichtig sind, dass sie sich schließlich dem Guerilla-Unternehmen zuwenden, denn das hört niemals auf, ihnen den Hof zu machen.

Wie lange dauert dieser Prozess? Genügen sieben Jahre? Das ist das Äußerste. Es kann auch innerhalb eines Monats, ja sogar innerhalb einer Woche oder weniger passieren, wenn die potenziellen Kunden gerade Geschäfte machen wollen und von ihrem früheren Geschäftspartner vernachlässigt werden. Aber vielleicht funktioniert es nicht so schnell, und mit großer Sicherheit wird es gar nicht funktionieren, wenn Sie Ihre Zielpersonen ignorieren, nachdem Sie ein- oder zweimal mit ihnen Kontakt aufgenommen haben. Viele Guerillas versuchen lediglich, die potenziellen Kunden dazu zu bewegen, ihre Marketingaktivitäten positiv aufzunehmen. Nachdem sie sie für sich gewonnen und nachdem sie weiter um sie geworben haben, folgt irgendwann ein Kauf, und als Begleiterscheinung kommt es zu Folge- und Zusatzkäufen.

Bedenken Sie, dass Ihre potenziellen Kunden offener sind, als Sie glauben. Tag für Tag verlieren Sie treue Kunden und gewinnen neue hinzu. Wenn Guerillas mit Interessenten sprechen, sei es im direkten Gespräch, sei es über eines der Marketinghilfsmittel, dann reden sie nicht über ihr Unternehmen oder ihre Branche. Sie reden über die Kunden selbst – ein Thema, das bei den Kunden zuoberst auf der Prioritätenliste steht und an dem ihr Interesse niemals erlahmt. Wenn ein Guerilla mit einem Interessenten über ein Thema redet, mit dem dieser sich auseinander setzt, dann ist ihm noch mehr Aufmerksamkeit sicher.

Guerillas müssen über ihre Lösungen für die Probleme der Kunden reden, und zwar aus der Perspektive der Kunden. So wie Unkräuter Blumen sind, deren Schönheit noch nicht erkannt worden ist, so sind potenzielle Kunden eigentlich Kunden, die bislang noch nicht erkannt haben, was Sie ihnen alles bieten können. Geben Sie ihnen Zeit. Geben Sie ihnen Informationen. Schenken Sie ihnen Ihre Aufmerksamkeit. Während Sie warten, nehmen Sie ihre Perspektive ein, sodass Sie mit ihnen über das reden können, was sie sehen.

54

Kunden unterstützen ein Unternehmen aus vielfältigen Gründen. Häufig ist es einfach der Standort, wobei das Internet die Bedeutung dieses Faktors verringert hat. Oft ist es nur eine Frage der Gewohnheit. Guerillas wissen intuitiv, dass der wichtigste Faktor das Vertrauen der Käufer in die Verkäufer ist, dicht gefolgt von der Qualität des Angebotes. Als Nächstes folgt der Service – der, wie Guerillas wissen, definiert sein sollte als »alles, was die Kunden vom Service erwarten«. Nach dem Service kommt die Auswahl und wiederum erweist sich das Internet mit seiner breit gefächerten Palette an Angeboten als Rückhalt der Wirtschaft. An fünfter Stelle kommt der Preis. Für einige Verbraucher (weniger als 20 Prozent) ist der Preis das erste Kriterium. Aber die Kunden, die sich durch einen niedrigen Preis anlocken lassen, sind diejenigen, die sich durch die geringste Treue auszeichnen, weil sie sich von jedem, der einen noch niedrigeren Preis bietet, abwerben lassen. *Guerillas bauen ihr Unternehmen auf treuen Kunden auf.* Guerillas wissen, dass sie alles tun müssen, was in ihrer Macht steht, um die Loyalität der Kunden aufrechtzuerhalten.

Sie können die Kundenloyalität sichern, indem Sie Treueboni einsetzen, indem Sie mit besonderen Veranstaltungen auf sich aufmerksam machen, indem Sie eine engagierte Kundenkontaktpflege betreiben, ein Rundschreiben verfassen, kleine Werbegeschenke für Ihre Kunden bereithalten. Das Wichtigste aber ist, seine Kunden zu kennen und Sie mit Namen anzusprechen, über persönliche Dinge zu reden, bevor Sie zum Geschäftlichen kommen, sehr aufmerksam und ernsthaft zuzuhören, was die Kunden Ihnen zu sagen haben.

Zuhören wird als einer der wichtigsten Bestandteile der Kundenkontaktpflege betrachtet. Es ist kein Wunder, dass die Kunden in Unternehmen kaufen, die ihnen zuhören.

Viele Marketingleute bauen ihre Marketingaktivitäten auf der lächerlichen Annahme auf, dass die Verbraucher fragen: »Wer sind Sie? Was bieten Sie an? Wann haben Sie geöffnet? Wo finde ich Sie?« Die einzige Frage, die einen potenziellen Kunden wirklich interessiert, lautet: »Warum sollte ich mich davon beeindrucken lassen?«

Was sind die Ansprüche der Kunden? Keineswegs dieser: »Erzählen Sie mir etwas über Sie!« Sondern vielmehr: »Erzählen Sie mir etwas über mich! Erzählen Sie mir, wie ich durch Sie Zeit sparen, mein Einkommen vermehren, meinen Stress reduzieren, in meinem Leben mehr Liebe erfahren kann, weil andere Leute positiv über mich denken.« Wenn Sie mit Ihren Kunden nicht über diese Dinge sprechen können, lassen Sie sie in Ruhe, Sie verschwenden ihre Zeit und Ihr Geld.

Die Verbraucher unterstützen Unternehmen, die Dinge anbieten, mit denen sie in ihrem Leben etwas verändern und verbessern können. Manchmal handelt es sich um große Dinge, zum Beispiel Autos oder Computer. Aber meistens ist das nicht der Fall. Wie sollte ein neues Hemd oder ein neues Notizbuch auch ein ganzes Leben verändern? Das tut es nicht wirklich, aber dennoch sollten Sie in diesen Dimensionen denken.

Denken Sie daran, dass die Kunden sich von Firmen angesprochen fühlen, die über Glaubwürdigkeit verfügen. Diese Glaubwürdigkeit erlangen Sie mit einem herausragenden Marketing und indem Sie sich einem Plan verpflichten. Marketing ist nach wie vor eine Mischung aus Kunst, Wissenschaft, Wirtschaft und Geduld.

55

Eine der wichtigsten Regeln für das neue Jahrtausend lautet: *Pflegen Sie den direkten Kontakt zu Ihren Kunden.* Wer oben an der Spitze sein will, muss das zielgerichtete Marketing zuoberst auf seine Prioritätenliste setzen. Dafür eignet sich eine der beliebtesten Anwendungen des Internets, der Chatroom. Die Leute lieben es, inmitten von Millionen von Menschen online private, persönliche Unterhaltungen führen zu können.

Ich möchte Sie an die wirklich herausragende Fähigkeit des Internets erinnern, Eins-zu-eins-Kommunikation zu ermöglichen. Mithilfe von E-Mails können Sie schnell und leicht einen Dialog mit Ihren Kunden und potenziellen Kunden führen. Natürlich können Sie das auch auf Industrie- und Verbrauchermessen, per Telefon, persönlich und per Post tun. Aber schneller und einfacher ist es mit dem Internet.

Guerillas wissen, dass jeder Kunde ein Individuum ist und als solches behandelt werden will. Durch Kundenbefragungen erfahren sie etwas über die individuellen Eigenarten ihrer Kunden. Obwohl Zehntausende von Namen auf Ihrer Mailing-Liste stehen, verlangen Ihre Kunden doch, dass Sie jeden von ihnen individuell bedienen.

Zielgruppenmarketing ist eher vergleichbar mit jemandem, der Ihnen etwas ins Ohr flüstert als mit jemandem, der Ihnen von der anderen Straßenseite etwas zuruft, so wie es in den Massenmedien der Fall ist. Zielgruppenmarketing gibt Guerillas die Möglichkeit, den Kunden näher zu kommen, ein maßgeschneidertes Marketing zu verfolgen, den Spaßfaktor in den Geschäftsbeziehungen zu erhöhen.

Das, was Guerillas die meiste Freude im Geschäftsleben macht – langfristige Beziehungen – lässt sich durch Eins-zu-eins-Marketing erreichen. Guerillas kennen den großen Unterschied zwischen Kunden und ihren besten Kunden sehr genau. Das ermöglicht ihnen, ihre Kunden wie Könige und ihre besten Kunden wie Familienmitglieder zu behandeln.

Um wirkliches Zielgruppenmarketing zu leisten, müssen Sie mit absoluter Präzision arbeiten. Sie müssen Ihre besten Kunden von den restlichen unterscheiden und sich ihnen gegenüber dann sehr fürsorglich verhalten. Guerillas führen jede Beziehung individuell, um ihren Kunden zum Erfolg verhelfen zu können, wo immer diese es wünschen. Sie tun alles, um die Beziehung zu den Kunden aufrechtzuerhalten. Und sie passen sich den Kunden an.

Halten Sie sich den Erfolg der gemeinnützigen Organisation vor Augen, die die Zahl der Reaktionen auf ihre Mailings um 668 Prozent steigern konnte, indem sie sich ihren wichtigsten Spendern gegenüber auf eine besondere Art und Weise verhielt – besonders, aber nicht teuer. Diese erhielten nämlich einen Brief mit der Bitte um eine Spende. Der Brief steckte in einem handbeschrifteten Umschlag, auf dem eine Sondermarke klebte. Am Ende des Briefes fand sich eine handgeschriebene Notiz von ungefähr 25 Wörtern Länge. Nicht besonders ausgefallen, aber erstaunlich effektiv. Es ist nicht nur einfach Zielgruppenmarketing, es ist Zielgruppenmarketing in Perfektion. Es ist der Trend der Zukunft. Und für Guerillas ist es der Trend der Gegenwart.

56

Die Psychologie des Marketings baut auf grundlegendem Wissen über menschliches Verhalten auf. Menschen mögen es nicht, Entscheidungen schnell zu treffen, und sie bauen auch Beziehungen nicht schnell auf. Mit Sicherheit wollen sie Beziehungen, aber sie haben sich früher schon die Finger verbrannt, und sie wollen nicht, dass ihnen das noch einmal passiert.

Sie haben gelernt, allem, was nur im Entferntesten nach Marketing riecht, zu misstrauen, weil Marketing zu Übertreibungen neigt. Zu oft haben sie von Räumungsverkäufen gehört und sind bis ans andere Ende der Stadt gefahren, um das Geschäft zu finden – nur um dann festzustellen, dass nur einige wenige Produkte im Angebot waren. Sie sind öfter durch das Kleingedruckte in Verträgen hereingelegt worden, als Sie glauben. Und sie sind von mehr als einem Verkäufer unter Druck gesetzt worden.

Aus diesem Grund verarbeiten sie Ihre Marketingkommunikation unbewusst und gelangen irgendwann aus emotionalen Gründen zu einer Entscheidung, auch wenn sie behaupten, ihr Verstand habe entschieden. Sie berücksichtigen für ihre endgültige Entscheidung eine ganze Menge – wie lange sie Sie schon kennen, wo Ihr Marketing auftaucht, wie es in ihren Augen aussieht und sich anfühlt, die Qualität Ihres Angebotes, die Bequemlichkeit oder den Mangel an Bequemlichkeit, was andere über Sie gesagt haben, und – am wichtigsten – welche Vorteile Ihr Angebot für ihr Leben hat.

Wenn ein Kunde feststellt, dass er Ihr Produkt, Ihre Dienstleistung kaufen will, dann können Sie sicher sein, dass der Kunde diese Entscheidung in seinem Unterbewusstsein getroffen hat. Das beständige Marketing der Vorteile, die Sie bieten, Ihrer Botschaft und Ihres Namens hat das Unterbewusstsein durchdrungen. Die Interessenten fühlen, dass sie Ihnen trauen können und entschließen sich deshalb zum Kauf.

Jedes Schlagloch auf der Straße, die sie zu Ihnen führt, kann sie in diesem Stadium von ihrer Entscheidung abbringen. Sie rufen an, um eine Frage zu stellen, und werden am Telefon unfreundlich behandelt – und schon haben Sie sie verloren. Wenn sie versuchen, Ihre Homepage aufzurufen, um dort mehr Informationen zu finden, und feststellen, dass sie dort das Gewünschte nicht finden oder aber die Seite vor Selbstbeweihräucherung nur so strotzt, dann haben Sie sie verloren. Wenn sie zu Ihnen kommen und sich unter Druck gesetzt oder unverstanden fühlen, sind sie ganz schnell wieder verschwunden.

Sie müssen erkennen, dass der schwächste Punkt in Ihrem Marketing die stärksten Punkte zunichte machen kann. Höchstleistungen durch und durch, vom Anfang bis zum Ende – das ist es, was die Kunden heute von Unternehmen erwarten, und sie wollen sich nicht mit weniger zufrieden geben. Marketing ist eine 360-Grad-Angelegenheit, und Sie müssen jederzeit und aus jedem Winkel an Ihrem Programm arbeiten. Ihre Kunden verfügen über hochsensible Alarmsysteme, wenn sie mit Marketing konfrontiert werden, und jedes undurchsichtige Verhalten Ihrerseits lässt die Alarmglocken schrillen und die Sirenen heulen.

Es ist sehr schwierig, einen Kunden, der eine bestimmte Marke bevorzugt, abzuwerben und von Ihrer eigenen Marke zu überzeugen. Aber auch wenn er es verabscheut zu wechseln – er tut es. Und wenn er es tut, dann entscheidet er sich für Unternehmen, die mit der menschlichen Psyche und den ureigensten Merkmalen des Marketings vertraut sind.

57

Guerillas bemühen sich um langfristige Beziehungen zu ihren Kunden und erfreuen sich daran. Sie kennen die unendlich vielen Vorteile langlebiger Verbindungen und tun alles, was in ihrer Macht steht, um diese zu etablieren und zu pflegen. Sie sind sich dessen bewusst, dass sie sechsmal mehr Zeit brauchen, um einem potenziellen Kunden etwas zu verkaufen, als wenn sie das gleiche Produkt an jemanden verkaufen, der bereits Kunde ist.

Es ist eine Sache, den wahren Wert einer langfristigen Beziehung zu kennen. Etwas völlig anderes ist es, Aktivitäten an den Tag zu legen, um solch wertvolle Beziehungen aufzubauen. Die Struktur einer langfristigen Geschäftsbeziehung ist so komplex wie die einer langlebigen und glücklichen Ehe.

Die wichtigste Voraussetzung ist Ihre Verpflichtung, dem Glück eines anderen Menschen zu dienen. Der nächste Aspekt ist das Ziel, den Kunden nicht zufrieden zu stellen, weil das relativ einfach und verbreitet ist, sondern ihn glücklich zu machen – die Erwartungen des Kunden zu übertreffen, ihm mehr zu geben als er erwartet, sich mehr um ihn zu kümmern, als er es von Verkäufern normalerweise gewohnt ist.

Um das leisten zu können, müssen Sie etwas über ihn wissen. Sie lernen zuerst, indem Sie ihm zuhören, dann, indem Sie weitere Fragen stellen und noch einmal sehr genau zuhören. Guerillas stellen häufig Fragen auf ihren Homepages oder mit Hilfe von Fragebögen, um persönliche Informationen zu gewinnen. Wenn Sie die persönlichen Vorlieben und Abneigungen Ihrer Kunden kennen, dann können Sie einen maßgeschneiderten Service anbieten; Sie können zum Beispiel Artikel ausschneiden, die für bestimmte Kunden von Interesse sind, und ihnen diese zuschicken oder ihre Leistungen beziehungsweise die ihrer Familien oder Unternehmen würdigen.

Handgeschriebene Notizen auf Mailings geben Ihren Kunden das Gefühl, etwas Besonderes zu sein. Telefonanrufe, die nicht Teil einer Telefonmarketingkampagne sind, haben den gleichen Effekt. Reden Sie die Kunden mit Namen an, unterhalten Sie sich mit ihnen über Themen, die nicht von geschäftlichem Interesse sind, machen Sie sie auf bestimmte neue Produkte oder Dienstleistungen aufmerksam, die Sie in Ihrem Programm haben, beantworten Sie ihre Anrufe, E-Mails, Faxe oder Briefe unverzüglich – all diese scheinbar unbedeutenden Handlungen wirken wie Katalysatoren in der Struktur einer gesunden Käufer-Verkäufer-Beziehung.

Je mehr Details Sie über das Leben und das Unternehmen Ihrer Kunden kennen, desto häufiger können Sie diese Details erwähnen und Ihren Kunden auf diese Weise das Gefühl geben, dass sie einzigartig und etwas Besonderes sind und nicht nur ein kleiner Teil einer großen demografischen Einheit. Es gibt sie, die »Chemie«, die langfristige Beziehungen bestimmt. Sie ist nicht immer auf Anhieb da. Aber wenn sie vorhanden ist, dann ist der Geschäftsinhaber darüber ebenso glücklich wie der Kunde. Guerillas wissen, dass kein Kunde dem anderen gleicht und dass auch keine Kundenbeziehung der anderen gleicht. Jede Kunden-Verkäufer-Beziehung ist so einzigartig und von gegenseitigem Nutzen wie eine Ehe.

58

Viele hart arbeitende, wohlmeinende, marketingorientierte Unternehmer schaden ihrem Unternehmen mit mangelhaft umgesetztem Marketing. Das ist noch schlimmer, als wenn sie gänzlich auf Marketing verzichten, denn schlechtes Marketing ist unglaublich teuer.

Schlechtes Marketing ist zumeist auf eine Schwäche in der Persönlichkeit des Unternehmers zurückzuführen. Am meisten verbreitet ist die Ungeduld. Allzu viele Unternehmer lassen sich durch die Aussicht auf schnelle Ergebnisse blenden, werden ungeduldig und fangen mit einer neuen Marketingkampagne an, geben damit der ersten aber niemals die Chance, wirklich einzuschlagen und Wirkung zu zeigen.

Eine andere weit verbreitete Schwäche ist ein übertriebenes Selbstwertgefühl. Weil sie Kenntnisse des Finanzwesens und des Managements haben, sind viele Unternehmer davon überzeugt, dass sie auch über ausreichende Marketingkenntnisse verfügen. Das ist nicht richtig. Vielleicht wissen sie, wie es um das Marketing bestellt war, als sie ihr Unternehmen aufgebaut haben, aber Sie wissen genauso gut wie ich, wie sehr sich die Marketingfunktion seitdem verändert hat. Häufig verführt ihre Selbstüberschätzung sie dazu, dass sie ihren eigenen Marketingplan schreiben, ihre Anzeigen und Websites selbst entwerfen und Medien auswählen, die eher ihrem eigenen Geschmack entsprechen als dem ihrer Kunden und potenziellen Kunden. Dieselbe Selbstüberschätzung führt dazu, dass viele Unternehmer als ihre eigenen Repräsentanten in den Massenmedien auftreten. Manchmal funktioniert das. Meistens aber geht es schief.

Zu einem selbstzerstörerischen Marketing kann auch die irrige Annahme führen, Mundpropaganda ersetze alle anderen Marketingstrategien. Ähnlich verhält es sich mit der verqueren Überzeugung, dass Ihre potenziellen Kunden schon genau wissen, aus welchen Gründen sie ausgerechnet mit Ihnen Geschäfte machen sollen.

Wollen Sie ein weiteres Persönlichkeitsdefizit hören, das Verlierer auszeichnet? Sie glauben, dass sie einfach keinen besseren Service bieten können, als sie es gegenwärtig schon tun. Denken Sie so etwas niemals. Es gibt immer noch Verbesserungsmöglichkeiten. Fragen Sie einfach Ihre Kunden. Fragen Sie, vielleicht mithilfe eines Fragebogens, wie ihrer Meinung nach ein ideales Unternehmen in Ihrer Branche geführt werden sollte. Seien Sie auf wirklich überraschende Antworten gefasst.

Natürlich finden Sie ganz oben auf der Liste der Persönlichkeitsdefizite auch die Einbildung – die Einbildung, dass die Leute von Anfang an sofort alles über Sie wissen wollen, dass sie sich mehr um Sie sorgen als um sich selbst, dass ihre Zeit Ihnen gehört und dass sie amateurhaftes Verhalten nicht erkennen, wenn sie es sehen. Und ein weiteres Hindernis für Marketingerfolge ist es, selbst zu schnell den Versuchungen der im Stakkato heruntergeredeten Werbebotschaften anderer zu erliegen. Solche Unternehmer kaufen Dinge, die sie gar nicht brauchen. Oder sie geben zu viel Geld für die Herstellung ihrer Marketingmaterialien aus. Denken Sie immer daran, dass keine Marketingstrategie stark genug ist, um der Persönlichkeit eines ignoranten Unternehmers Widerstand zu leisten.

59

Ein altes Sprichwort besagt, dass ein wenig Wissen über den Bräutigam wichtiger ist als die umfassendsten Kenntnisse über die Ehe. Im Marketing gilt das Gleiche. Guerillas verfügen über unzählige Informationen über ihre Kunden, weil andernfalls ihr Marketingwissen nichts wert wäre.

Stellen Sie sich Marketing wie eine Rohrleitung vor: an einem Ende der Guerilla, am anderen Ende die Kunden. Marketing existiert nicht im luftleeren Raum, und es hat ein Ziel. Um dieses Ziel zu erreichen, ist es wichtig, von jedem Kunden persönliche Daten zu erfassen. Es ist sicherlich hilfreich, sich Ihre Kunden als Gruppe vorzustellen, aber noch hilfreicher ist es, sie als Individuen wahrzunehmen.

Sammeln Sie Informationen, indem Sie mit ihnen reden, indem Sie auf das hören, was sie Ihnen erzählen, indem Sie ihnen Fragebögen zusenden, ihre Websites aufrufen und ansehen, sie anlässlich lokaler Ereignisse und auf Industrie- oder Verbrauchermessen treffen und indem Sie für jeden Dialog zur Verfügung stehen, den sie wünschen.

Eine wichtige Regel lautet: *Je mehr Sie über einzelne Kunden wissen, desto eher sind Sie in der Lage, Ihre Marketingaktivitäten maßgeschneidert einzusetzen.* Wenn Sie es auf einzelne Kunden und deren Bedürfnisse abstimmen, wird das Marketing gleichzeitig effektiver und wirtschaftlicher. Statt ein Mailing an all Ihre Kunden zu schicken, sollten Sie es nur an diejenigen Kunden versenden, von denen Sie wissen, dass sie sich für Ihr Angebot interessieren. Auf diese Weise reduzieren Sie Ihre Kosten und erzielen gleichzeitig höhere Rücklaufquoten.

Wenn Sie wissen, dass einige Ihrer Kunden sich für Opern oder Tennis interessieren, können Sie ihnen Eintrittskarten für entsprechende Veranstaltungen schicken – oder kleine Geschenke, die mit diesem Interessengebiet in Verbindung stehen. Wenn Sie erfahren, dass Ihr Kunde oder jemand in seiner Familie etwas Besonderes erreicht hat, das öffentliche Aufmerksamkeit verdient, dann erkennen Sie diese Leistung mit einem Anruf oder einem Schreiben an. Wie viele große Unternehmen können so etwas tun? Das ist einer der Vorteile, die Sie als kleines kundenorientiertes Unternehmen genießen.

Wenn Sie Details über Ihre Kunden kennen, dann ermöglicht Ihnen das, eine Verbindung zu ihnen herzustellen und sich so mit ihnen zu unterhalten, dass es ihrer jeweiligen Persönlichkeit entspricht. Wenn sie beispielsweise immer in Eile sind, dann bemühen Sie sich, sich kurz zu fassen und schnell fertig zu werden. Sind sie dagegen eher bedächtig oder lernbegierig, dann wissen Sie, dass Sie ihnen alle wichtigen Fakten ausführlich vermitteln können und Ihre Präsentation nicht im Schnelldurchlauf absolvieren müssen.

Persönliches Wissen über Ihre einzelnen Kunden bereichert Ihre Kundenliste exponentiell. Sie wissen, was sie mögen, was sie lesen, was sie beobachten, was sie aufregend oder abstoßend finden, wo sie einkaufen, wie sie Ihr Unternehmen wahrnehmen, winzige Details, die Zufallskäufer von lebenslangen Stammkunden unterscheiden. Das Beste daran: Guerillas haben wirklich Spaß daran, derartige Informationen zu gewinnen, Kontakt zu anderen Menschen zu pflegen und dabei gegenseitig ihre Bedürfnisse zu befriedigen.

60

Kaum jemand wird zufällig Kunde. Üblicherweise ist eine Menge Absicht im Spiel. Ihre Absicht ist es, Kunden zu gewinnen und zu halten. Die Absicht Ihrer Kunden ist es, einen Verkäufer zu finden, dem sie trauen können, der Bequemlichkeit bietet, der Werte vermittelt und der genau das hat, wonach sie suchen.

Aber das ist noch nicht alles. Ihre Kunden suchen auch nach einer Möglichkeit, leicht an Informationen zu gelangen. Das garantieren Sie in Form Ihrer Internetseite und der Marketingmaterialien, die Sie erarbeitet haben, wie Prospekte, Kataloge oder Magazine. Ihre Kunden suchen nach Glaubwürdigkeit. Sie garantieren diese durch die Professionalität und Beständigkeit Ihres Marketings. Kunden wollen die Meinung ihrer Freunde hören. Sie profitieren von positiven Meinungen, weil Sie über ein aktives System von Kundenreferenzen und einen Ordner voller Empfehlungen verfügen und weil Sie wissen, wie Sie über Ihr Netzwerk an Mundpropaganda hinaus an mündliche Empfehlungen gelangen können. Ihre Kunden wünschen Aufmerksamkeit und Fürsorge. Sie garantieren beides durch Ihre starke Kundenkontaktpflege.

Tatsächlich suchen Kunden nach Verkäufern, die mehr bieten, als sie erwarten. Wenn ich vom Wohlergehen der Kunden rede, dann hoffe ich, dass Sie einen Kundendienst und eine Qualität anbieten, die die Kunden völlig und nicht einfach nur halbwegs zufrieden stellt. Diejenigen, die völlig zufrieden sind, werden mit sechsmal größerer Wahrscheinlichkeit innerhalb der nächsten achtzehn Monate erneut bei Ihnen kaufen als diejenigen, die nur einigermaßen zufrieden waren. Und völlig zufriedene Kunden sind überdies die loyalsten.

Ihre Käufer wollen, dass Sie ihnen zuhören, dass Sie angemessen auf ihre Äußerungen reagieren, dass Sie den gesamten Kaufprozess für sie zu einem positiven Ereignis machen. Je mehr Zeit sie mit Ihrer Hilfe sparen können, desto mehr werden sie Sie zu schätzen wissen.

Die Idee, den Käufern genau das zu geben, was sie von einem Verkäufer erwarten, beginnt in Ihrem eigenen Kopf. Sie müssen bereit sein, ihnen den Weg ins Kundenschlaraffenland zu ebnen. Sie müssen bereit sein, langfristige Kundenbeziehungen einzugehen und sich entsprechend verhalten, und zwar so, dass die Kunden es auch merken.

Suchen Sie Augenkontakt, lächeln Sie, reden Sie sie mit Namen an, benutzen Sie auf Anschreiben eine Kundennummer, halten Sie Werbegeschenke für sie bereit, machen Sie ihnen einen guten Preis, erstellen Sie Berichte über Ihre Kundenbetreuung, Rundschreiben, handgeschriebene Notizen, bieten Sie wirklich wertvolle Informationen kostenlos an und halten Sie Belohnungen für sie bereit, mit denen sie niemals rechnen würden. Erinnern Sie sich an die Tennis- oder Opernkarten?

Die Kunden erwarten weit mehr als Sie verkaufen. Wissen Sie, warum die meisten Menschen so gerne zu McDonald's gehen? Nicht aufgrund der Geschwindigkeit, mit der sie ihren Hamburger serviert bekommen. Sondern wegen der sauberen Toiletten und der guten Pommes frites. Saubere Toiletten sind für Frauen auch der wichtigste Grund für die Auswahl einer bestimmten Tankstelle. Die Kunden wollen etwas anderes, als Sie verkaufen. Ihre Aufgabe ist es, herauszufinden, was genau das ist. Das ist nicht so schwierig, wenn Sie die Nächstenliebe an den Tag legen, die Guerillas zu eigen ist.

Kapitel Acht

Die Einstellung

61

Die Einstellung eines Guerillas gegenüber dem Marketing unterscheidet sich deutlich von der eines Nicht-Guerillas, und deshalb fühlen sich die Kunden von Guerillas in ihrer Rolle als Kunden so wohl. Es ist eine Tatsache, dass 90 Prozent des Lebens Einstellungssache ist.

Diese Einstellung ist vermutlich das Erste, was Kunden und potenzielle Kunden an Ihnen bemerken werden. Wie bemerken sie es? Durch Ihr Marketing. Wenn Sie sich nicht sehr in Marketingaktivitäten engagieren, dann werden die Leute Ihre Einstellung nicht wahrnehmen, egal wie überzeugend sie sein mag. Ihre Einstellung wird sich nicht auszahlen, wenn Sie sie nur im Privaten äußern. Sie müssen damit an die Öffentlichkeit gehen.

Geben Sie den Leuten die Gelegenheit, diese Einstellung durch Ihre Aggressivität auf dem Markt zu spüren. Sie können sie durch die Öffentlichkeit vermitteln, die Sie mithilfe Ihrer Marketingaktivitäten herstellen. Wenn es Zeit ist, eine Kaufentscheidung zu treffen, werden die Kunden sich viel eher an Unternehmen wenden, die eine eindeutige Einstellung vertreten, als an farblose Unternehmen, die ihre Einstellung nicht aktiv und stolz vertreten.

Ihre Einstellung drückt sich auch in der Professionalität Ihrer Marketingmaterialien aus. Wenn diese einen schäbigen Eindruck machen, dann wird dieses Schmuddelimage zum Teil Ihrer Einstellung. Wenn sie vertrauenerweckend sind, wird sich das ebenfalls auf Ihre Einstellung zurückführen lassen. Die Reichweite Ihrer Marketingaktivitäten spiegelt ebenso Ihre Einstellung wider wie die Häufigkeit, mit der Sie wahrgenommen werden. Natürlich vermittelt auch die Begeisterung für Ihr Angebot Ihre Einstellung, und auch Ihre Beständigkeit drückt sie aus. Wenn Sie Ihre Werbemedien, Ihre Botschaft, Ihre Nische und Ihr Format wechseln wie Ihre Unterhosen, dann werden die Kunden sich von Ihrer Einstellung keine klare und eindeutige Vorstellung machen können, weil sie annehmen, dass Sie sich über sich selbst nicht im Klaren sind.

Natürlich können Sie Ihren Erfolg nicht allein auf Ihre Einstellung gründen. Andererseits – manchmal ist das möglich. Marlboro ist keineswegs die wohlschmeckendste Zigarette der Welt, vermittelt aber mit Sicherheit die richtige Einstellung. Das Gleiche gilt für Budweiser. Viele Marktführer in Produktsparten haben eher aufgrund ihrer Einstellung Erfolg als wegen ihrer herausragenden Qualität, ihrer niedrigen Preise oder ihrer Großzügigkeit. Jedes Auto kann Sie von Punkt A nach Punkt B bringen, aber manche können es eben mit dem gewissen Etwas.

Sie müssen sich darum bemühen, *dass Ihre Einstellung in all Ihren Marketingaktivitäten zum Ausdruck kommt.* Es spielt eine Rolle, was Sie sagen, wie Sie es sagen, wo Sie es sagen und wie oft Sie es sagen. Selbst die überzeugendste und einnehmendste Einstellung ist wertlos, wenn sie nicht vermittelt wird. Aus diesem Grunde tragen Guerillas ihre Einstellung deutlich zur Schau und gleichen damit das aus, was sie nicht im Portemonnaie haben.

62

Eine Einstellung, die alle Guerillas an den Tag legen sollten, ist Aufgeschlossenheit. Wenn Sie eine eher introvertierte Persönlichkeit haben, dann läuft das Ihren Marketingbestrebungen zuwider. Heben Sie sich Ihre Nabelschau für die Liege Ihres Therapeuten auf, Ihr Marketing hat nur Chancen, wenn Sie extrovertiert sind.

Sie müssen dazu wissen, dass es *im Marketing nicht um Sie persönlich geht*. Es geht nicht um Ihr Unternehmen, auch nicht um Ihr Produkt oder Ihre Dienstleistung. Ich hoffe, dass Ihnen das klar ist, denn wenn das nicht der Fall sein sollte, dann verlieren Sie auch die anderen Regeln aus dem Blick, die notwendig sind, um Guerilla-Marketing zu beherrschen.

Die Wahrscheinlichkeit, dass das, was Sie anbieten, Ihrem Zielpublikum eine Menge bedeutet, ist in jedem Fall sehr groß. Und es gibt eine kleine, aber reale Chance, dass es ihnen jetzt sofort eine Menge bedeuten wird. Diese schlichten Tatsachen sollten Sie deutlich vor Augen haben, bevor Sie sich Hals über Kopf in einen Marketingangriff stürzen. Wenn Sie Ihre Einstellung so weit anpassen, dass Sie erfassen, was Ihr Angebot Ihren Kunden bedeuten kann, dann liegen Sie ganz richtig.

Wenn Ihre Einstellung zum Marketing richtig ist, dann sind Sie schon fast darauf fixiert, Ihre Kunden mit dem zu versorgen, was sie brauchen. Wie alle Menschen wollen Kunden sich mit etwas identifizieren können. Wenn Sie ihre Perspektive einnehmen und von diesem Standpunkt aus operieren, dann sind Sie in der Lage, sich selbst zum Teil ihrer Identität zu machen. Die Tatsache, dass sie Geschäfte mit Ihnen machen und eine lang anhaltende Beziehung mit Ihnen eingehen, wird Teil ihrer Identität werden, und das wird ihren Freunden und Kollegen sehr klar sein.

Weil Ihre Einstellung sich schwerpunktmäßig auf Ihre Kunden richtet, werden andere Facetten Ihres Unternehmen bald nachfolgen. Ihr Service wird greifen, und die Kunden werden es bemerken. Ihre Mitarbeiter werden sich Ihre Einstellung zu Eigen machen, und auch das werden Ihre Kunden bemerken. Weil Sie es verstehen, sie immer wieder aufs Neue und innovativ zufrieden zu stellen, wird Ihr Unternehmen niemals rückständig wirken.

Wenn Sie die Zukunft erahnen können, dann haben Sie einen immensen Wettbewerbsvorteil. Ohne Zweifel ist der beste Weg, sich im kundenorientierten Marketing zu engagieren, ständig Innovationen zu schaffen und die Flexibilität in Person zu sein. Früher war es üblich, sich auf Altbewährtes zu verlassen. Heute jedoch müssen Sie sich auf Ihren Kunden konzentrieren. »Business as usual« heißt heute »Business as unusual«. Wenn Sie ein Guerilla mit der richtigen Einstellung sein wollen, dann nehmen Sie Situationen aus der Perspektive des Kunden wahr. Anschließend befriedigen und übertreffen Sie seine Erwartungen. Sie müssen wissen, was Sie wollen, was Ihre Konkurrenten tun und was Ihre Kunden und potenziellen Kunden denken.

63

Ich habe wirklich nicht vor, Ihnen mit den Lehren des Zen-Buddhismus auf die Nerven zu gehen, aber ich möchte Sie dazu bewegen, Zen-inspiriert über Ihr Marketing zu denken. Zen bedeutet nichts anderes als »im Moment leben«. Es offenbart Ihnen, wie umfangreich und majestätisch, wie groß und bedeutend, wie kostbar und chancenreich das ist, was Sie in diesem Moment erleben.

Guerillas sind sich dessen bewusst, *wie bedeutsam jeder einzelne Augenblick ist.* Sie haben die Auffassungsgabe, seine Chancen zu begreifen. Sie sind sich eines jeden Momentes bewusst, der vergeht. Sie erkennen die Möglichkeiten, die er bietet, aber auch seine Flüchtigkeit. Wenn sie nicht jeden Moment nutzen, dann wird er vergehen und sich niemals in derselben Situation und auf die gleiche Weise wiederholen.

Nutzen Sie jeden Moment, indem Sie Ihre Kernkompetenz im Bereich des Marketings so einsetzen, dass sie das Beste für Ihre Kunden und potenziellen Kunden erreichen kann. Seien Sie sich der Bedeutung bewusst, die das richtige Timing hat und verschwenden Sie niemals die richtige Zeit, die richtigen Momente.

Ihre Interessenten gehen davon aus, dass sie nur für einen Moment Ihre Kunden sein werden, wenn sie etwas kaufen. Sie treffen ihre endgültige Kaufentscheidung, nachdem sie eine Weile darüber nachgedacht haben, in nur einem kurzen Moment. Und Ihr Marketingangriff, der lange Zeit andauern soll, beginnt mit einem einzigen, winzig kleinen Moment, wie der erste Schritt in einem unendlichen Rennen.

Guerillas wissen tief in ihrem Innern, dass Glück das ist, was passiert, wenn Vorbereitung und Chance sich begegnen. Sie tun alles, was in Ihrer Macht steht, um in Ihrem Unternehmen generell exzellente Leistungen zu bieten. Sie versprechen dies in Ihrem aktiven und überzeugenden Marketing. Wenn dieses Bedürfnis nach hervorragenden Leistungen sich mit der Fähigkeit verbindet, im Namen Ihres Unternehmens Versprechungen zu machen, dann haben Sie Glück und Ihnen sind gute Geschäfte sicher. Die Vorbereitung nimmt eine lange Zeit in Anspruch, auch die Verbreitung des Versprechens benötigt eine gewisse Zeit, aber das Zusammentreffen beider dauert nur einen Moment.

Wenn Sie Zeichen schaffen, die mit Ihren anderen Marketingaktivitäten übereinstimmen, oder wenn Sie Mailings schreiben und Werbeanzeigen schalten, bevor Sie Telefonanrufe machen, dann ebnen Sie den Weg zu dem zauberhaften Moment der Kaufentscheidung. Dieser Weg ist lang und nimmt viel Zeit in Anspruch, aber der Zauber stellt sich in Sekundenschnelle ein. Für Guerillas ist dieser Moment des Zaubers ein sehr vertrautes Gefühl.

Buchstäblich alles, was Sie in Ihren Marketingaktivitäten leisten, muss sich auf den Moment des Kaufes richten. Respektieren Sie jeden Augenblick, in dem Ihr Kunde wirklich Ihr Kunde ist, und Sie werden auch die Vorzüge ihrer Folgekäufe und ihrer Weiterempfehlungen genießen können. Denken Sie daran, dass die Wirklichkeit die Grundlage aller magischen Momente im Marketing ist.

64

Es klingt etwas unglaubhaft, dass Ihre Einstellung zur Selbstorganisation Aufschluss über den Erfolg Ihres Marketings gibt. Aber es ist eine Tatsache, dass Ihr Marketing umso erfolgreicher sein wird, je besser Sie organisiert sind. Organisiert zu sein heißt auch, ordentlich zu sein. Das Gebäude, in dem sich Ihr Geschäft, Ihr Büro, Ihr Arbeitszimmer zu Hause – oder wo auch immer Sie von Kunden besucht werden – befinden, spricht Bände über Ihr Unternehmen und darüber, ob Sie es mögen oder nicht.

Unordnung und Nachlässigkeit signalisieren potenziellen Kunden, dass sie, sollten sie jemals mit dem bei Ihnen gekauften Produkt Ärger haben, von Ihnen genauso behandelt werden wie die Büro- oder Geschäftsräume – nachlässig. Wenn sie jedoch feststellen, dass es überall sauber und gepflegt ist, dann werden sie unbewusst annehmen, dass Sie Ihr Unternehmen auf ebendiese Weise führen. Wenn Ihre Geschäftsräume gepflegt sind, wird niemand davon ausgehen, dass Ihr Service und die Qualität Ihrer Arbeit zu wünschen übrig lassen. Das beste Beispiel finden Sie dort, wo Micky Maus zu Hause ist – in Disneyland. Die Sauberkeit und Gepflegtheit der Anlagen ist in Disneyland so augenfällig, dass jeder sie wahrnimmt. Die Disney-Leute haben immer schon gewusst, dass *gepflegte Anlagen auf ein funktionierendes Unternehmen hinweisen,* darauf, dass die Kunden mit Sorgfalt behandelt werden und dass jeder ein angenehmes Kauferlebnis hat. Die Angestellten bei Disney reinigen die Toiletten alle dreißig Minuten. Sie wissen, dass es nicht angenehm ist, sich in einer schmuddeligen Umgebung aufzuhalten.

Gepflegte Geschäftsräume sind das Ergebnis einer positiven Einstellung gegenüber Marketingaktivitäten, einer Einstellung, die nicht nur montags an den Tag gelegt wird, sondern die das Handeln der Mitarbeiter in jeder einzelnen Sekunde der Unternehmenstätigkeit bestimmt. Wie die meisten Guerilla-Marketing-Einstellungen kostet auch diese kein Geld – nur Zeit und Energie und das Wissen um die Bedeutung, die Sauberkeit und Gepflegtheit haben.

Gepflegt heißt organisiert, sodass Sie einen besseren, schnelleren Service anbieten können. Diese Einstellung verhindert, dass Sie wertvolle Zeit darauf verschwenden, Dinge zu suchen oder Geld zu investieren, weil Sie sie nicht finden können. Sie motiviert Sie dazu, Systeme zu entwickeln, um Dinge zu finden, um zu kommunizieren, zu ordnen, zu archivieren, sich an wichtige Details zu erinnern.

Nur wenige Marketingleute erkennen den engen Zusammenhang zwischen Gepflegtheit und Gewinn. Aber dieser Zusammenhang existiert. Sie wären überrascht, wenn Sie wüssten, wie viele Menschen sich gegen den Kauf in einem Unternehmen entschließen, weil sie geringfügige Nachlässigkeiten festgestellt haben – in einem Büroraum, am Telefon, in der Kommunikation mit Ihnen, in einer der unzähligen Marketingaktivitäten. Glauben Sie nicht, Ihre Kunden würden kleinste Nachlässigkeiten nicht bemerken. Sie tun es. Und sie zeigen ihr Missfallen, indem sie nie wieder bei Ihnen kaufen.

Nun, da Sie über dieses Wissen verfügen, ist es für Sie von wesentlicher Bedeutung, es allen zu vermitteln, die mit Ihnen arbeiten. Der Gesamteindruck ist immer nur so gut wie die schwächste Komponente des Ganzen. Wenn Sie ein Guerilla sind, dann gibt es nicht ein Anzeichen für Nachlässigkeiten.

65

Jeder Autor von Wirtschaftsliteratur schreibt über Enthusiasmus. Über Leidenschaft. Der Autor dieses Buches macht da keine Ausnahme. Enthusiasmus ist die treibende Kraft des Marketings, und Leidenschaft ist die höchste Form des Enthusiasmus. Dieser Enthusiasmus, der aus dem Wissen um die Produkte entspringen sollte, muss aufrichtig, nachhaltig und auffällig sein. Er stellt sich automatisch ein, wenn Sie wirklich begeistert sind von dem, was Ihr Angebot für Ihre potenziellen Kunden bewirken kann und was es für Ihre Kunden in der Vergangenheit bewirken konnte. Enthusiasmus ist die gesündeste Seuche der Welt. Er entsteht im Herzen des Geschäftsinhabers, breitet sich über die Mitarbeiter und Marketingpartner aus bis hin zu den Kunden und ihren Freunden und Geschäftspartnern. Jeder, der ihn spürt, greift ihn auf, wenn er nur von Herzen kommt. Alle wollen Teil der Begeisterung sein, sie wollen angesichts Ihres Angebots den gleichen Enthusiasmus verspüren wie Sie.

Ihre Aufgabe ist es, sie in jeglicher Hinsicht mit Ihrem Enthusiasmus anzustecken – durch den Nachdruck, mit dem Sie mit ihnen kommunizieren, durch den Glanz in Ihren Augen, wenn Sie ihnen beschreiben, wie ihr Leben sich durch Ihr Angebot verändern wird, durch die Allgegenwärtigkeit Ihres Marketings. Sie vermitteln Ihre Begeisterung nicht allein dadurch, dass Sie übereifrig handeln oder jeden Ihrer Sätze mit einem Ausrufezeichen versehen. Sie drücken Sie auch mit Ihrem Selbstvertrauen aus, mit der Garantie, die Sie bieten, mit Ihrer Konzentration auf das, was es leisten kann, und nicht nur auf das, was es ist.

Es war einmal ein sehr frommer Mann, der inmitten einer Schwemmebene lebte. Die Himmelsschleusen öffneten sich, und es begann auf ihn und sein Haus niederzuregnen. Als ihm das Wasser bis zu den Knien reichte, kam ein Boot vorbei, und man bot ihm an, ihn mitzunehmen. Er lehnte das Angebot ab und erklärte, dass sein Glaube an Gott ihn retten werde. Das Wasser stieg weiter, und als es ihm bis zur Brust reichte, kam wieder ein Boot. Man bat ihn inständig, ins Boot zu steigen, weil das Wasser weiter steigen würde, aber er schickte das Boot wiederum weg und sagte, dass sein Glaube an Gott sich als seine Rettung erweisen werde. Das Wasser stieg weiterhin und reichte ihm bis zum Kinn. Wie durch ein Wunder kam ein Hubschrauber vorbeigeflogen, blieb über dem frommen Mann stehen und ließ eine Leiter herab, mit der er sich in Sicherheit bringen sollte. Aber er gab dem Hubschrauber zu verstehen, dass er weiterfliegen solle, und bestand auf seinem Glauben, dass Gott ihn vor Schaden bewahren werde. Das Wasser stieg weiter, bis der Mann schließlich ertrank. Nach seinem Tode gelangte er in den Himmel und traf Gott. Er fragte ihn, warum er nicht da gewesen sei, um ihn zu retten, als er ihn brauchte, und Gott antwortete: »Ich habe Ihnen doch zwei Boote und einen Hubschrauber geschickt ...«

Ihre Boote und Ihren Hubschrauber finden Sie in diesem Buch und in Ihrem Herzen. Sie müssen so sehr an Ihr Produkt glauben, dass Leidenschaft zu Ihrem Kennzeichen wird.

66

Sie können in Ihrem Bestreben nach einem effektiven Marketing auf mehr Partner zählen als nur auf Ihren Enthusiasmus und Ihre Leidenschaft. Natürlich werden diese Einstellungen eine Eigendynamik entwickeln, die Ihrem Marketing zugute kommt, aber es gibt weitere Quellen, die Ihnen helfen können. Sie können auf viele Menschen zurückgreifen, die Ihrem Marketing und Ihren Träumen Kraft geben. Sie finden diese Partner in allen Menschen und an weitaus mehr Orten, als Sie es sich vorstellen. *Diese Leute wollen Ihnen tatsächlich helfen.* Sie müssen sie nur um ihre Hilfe bitten. Das ist nicht nur wörtlich gemeint, Sie erreichen es auch durch Ihr Verhalten und durch das, was Sie tun und was ihnen zugute kommt.

Die ersten Partner, die Sie auf Ihre Wellenlänge bringen müssen, damit sie ihre eigene Leidenschaft und ihren eigenen Enthusiasmus entwickeln können, sind Ihre Mitarbeiter. Sie sehen in ihnen vielleicht nur Angestellte, aber Sie sollten sie auch als Marketingpartner betrachten. Jeder sollte etwas davon haben, wenn Sie Gewinne machen, alle sollten in Ihrem Sinne handeln, weil es auch in ihrem eigenen Interesse ist. Jeder Mitarbeiter ist ein wertvolles Mitglied Ihres Marketingplanes und sollte als solches wahrgenommen werden.

Auch Ihre Kunden sind potente Marketingpartner. Sie werden sich mit Begeisterung dazu bekennen, Ihre Kunden zu sein, wenn Sie ihnen ein glückliches Kundendasein bescheren. Auch sie müssen gefragt werden, und Sie müssen ihnen vermitteln, wie wichtig Kundenempfehlungen für Sie sind. Seien Sie aufrichtig und ehrlich, wenn Sie mit ihnen reden.

Das Internet ist für Sie eine unerschöpfliche Quelle potenzieller Partner. Richten Sie Links zu anderen Websites ein und bitten Sie darum, dass im Gegenzug auch Links zu Ihnen eingerichtet werden. Vergewissern Sie sich nur, dass Ihre Partner im Netz die gleichen Adressaten haben und die gleichen hoch gesteckten Ziele verfolgen wie Sie. Helfen Sie ihnen und motivieren Sie sie damit, Ihnen zu helfen.

An einer anderen Stelle habe ich bereits das Konzept des Fusionsmarketings erwähnt – Sie weisen in Ihrem Unternehmen mit Hinweistafeln oder Reklameschildern auf andere Firmen hin und diese revanchieren sich auf die gleiche Weise. Sie teilen sich die Ausgaben für diese Marketingaktivitäten und erhöhen damit Ihre Marketingpräsenz sehr effektiv und wirtschaftlich. Ihre Partner im Fusionsmarketing sind ideale Verbündete. Sie wollen, dass Sie Erfolg haben, weil sie Sie mögen, weil sie Ihnen vertrauen und weil sie wissen, dass Sie ihnen Erfolg wünschen. Wir leben nicht mehr im Zeitalter der einsamen Wölfe. Wir leben in einer interdependenten Gesellschaft. Guerillas haben Erfolg, weil sie von vielen Freunden Hilfe erhalten.

Zu Ihren Marketingpartnern können auch einige Ihrer Zulieferer, weit entfernten Konkurrenten, andere Unternehmen in Ihrer Nähe, die die gleichen Kunden haben wie Sie selbst, ja sogar große Konzerne, die erkannt haben, wie wichtig Verbündete sind, gehören. Auch Ihre Bank, die zuständige Handelskammer, Ihr Vermieter kann zu diesen Verbündeten zählen. Je mehr Partner Sie haben, desto sicherer ist Ihnen Ihr Erfolg. Denken Sie daran, Ihre ganze Umgebung ist voller Verbündeter.

67

Guerillas bieten einen hervorragenden Service. Aber das ist es nicht, was sie besonders auszeichnet, und das ist nicht das, was ihre Kunden wirklich bemerken und ihren Freunden erzählen. Guerillas *wollen* diesen außergewöhnlichen Service bieten. Sie tun es nicht, weil es in ihren Servicehandbüchern steht, sondern weil es Teil ihrer Natur ist, Teil ihres genetischen Codes.

Sie können sicher sein, dass eine solche Einstellung notwendig ist, um den bestmöglichen Service zu bieten und auf diese Weise aus einem Neukunden einen langjährigen Kunden zu machen. Guerillas suchen nach Menschen mit dieser Einstellung und stellen Mitarbeiter ein, die diese besitzen. Jeder kann seine Mitarbeiter darin ausbilden, gute Arbeit zu leisten, aber es ist sehr schwierig, einen Angestellten so auszubilden, dass er diesen Service bieten will. Entweder Sie haben es oder Sie haben es nicht, und Guerillas suchen gezielt nach Mitarbeitern, die diese Eigenschaft haben.

Die Erkenntnis, die Sie verinnerlichen müssen, lautet, *dass die Persönlichkeit die Qualität des Service bestimmt.* Einige Menschen sind die geborenen Helfer, sie wollen helfen um jeden Preis. Unternehmen, die Mitarbeiter mit Helferqualitäten beschäftigen, starten aus der Pole-Position in der Service-Formel-1. Ihre Mitarbeiter haben ihre wahre Freude daran, die Kunden zufrieden zu stellen, und sie tun es nicht, weil sie damit Geld verdienen, sondern weil es ihnen Spaß macht zu helfen.

Die Kunden haben heute das Gefühl, einen Anspruch auf einen erstklassigen Service zu haben. Deshalb müssen Sie besser sein als erstklassig und den Service, den Sie bieten, auf ein noch höheres

Niveau bringen. Sie müssen immer daran denken, dass es nur eine Definition von Service gibt: Service ist all das, was der Kunde von ihm erwartet. Weniger als das ist mangelhafter Service. L. L. Bean glaubt, dass »Dienst am Kunden nur eine tagein, tagaus andauernde, nie enden wollende, unermüdliche, beharrliche, mitfühlende Aktivität« ist.

Mitgefühl lautet das Zauberwort. Sie nutzen es in Ihren Marketingaktivitäten, wenn Sie sich darum bemühen, Dinge aus Sicht Ihrer Kunden zu sehen. Sie setzen es ein, wenn Sie Ihren Dienst am Kunden leisten und mit all Ihren Sinnen auf seine Bedürfnisse und Wünsche konzentriert sind.

Die Regel über den Service ist nicht golden, sondern glänzend: Verhalten Sie sich so, wie Sie es sich auch von anderen wünschen würden. Besteht irgendein Zusammenhang zwischen einem außergewöhnlichen Service und einer dauerhaften Loyalität der Kunden? Sie müssen es wissen. Guerillas sind sich dessen bewusst, dass ein Mensch, der es wirklich genießt, einen guten Service zu bieten, ein dickes Fell und ein großes Herz haben muss, zuhören können und einfallsreich sein, Einfühlungsvermögen und Geduld haben, bestimmt und humorvoll sein muss. Es ist nicht leicht, solche Menschen zu finden oder sogar so zu sein, aber ich habe auch nirgendwo behauptet, dass Guerilla-Marketing einfach sei.

Wer bestimmt den Ton des hervorragenden Service, den Sie bieten? Sie tun es. Denken Sie immer daran, dass alle Kunden verschieden sind und dass Guerillas den besten Service auf die besten Kunden abstimmen. Ihre Bemühungen, Ihren Kunden zu einem guten Gefühl zu verhelfen, sind Teil Ihres Betriebsergebnisses. Denn dort werden sich die Anstrengungen widerspiegeln.

68

Sie haben hervorragende Möglichkeiten, Ihre Einstellung zu vermitteln, wenn Sie in sozialen Situationen vernetzt arbeiten. Sie können nicht nur ausnutzen, dass Sie Augenkontakt herstellen, lächeln, Hände schütteln und Ihre Aufmerksamkeit unter Beweis stellen können – Sie haben auch die Chance, die menschlichen Bande zu knüpfen, die für starke geschäftliche Bande unerlässlich sind.

In sozialen Situationen mit Netzwerkfunktion, in denen Guerillas sowohl mit Freunden als auch mit Interessenten zusammentreffen, können Sie Fragen stellen, sich die Antworten aufmerksam anhören, sich auf die Probleme der Leute konzentrieren, mit denen Sie sich unterhalten, und unter Beweis stellen, dass Sie wirklich auf diese Leute eingestellt sind, auf jeden Einzelnen von ihnen.

Die Erkenntnis, die Guerillas den entscheidenden Vorteil verschafft, wenn sie netzwerkfähig sind, lautet, dass *Menschen sich viel mehr für sich selbst interessieren als für Sie*, und wenn Sie ihnen die Möglichkeit geben, über sich selbst zu sprechen, werden sie sich an Sie erinnern und Sie mögen.

Viele Geschäftsinhaber nehmen an sozialen Veranstaltungen teil, um so viele Visitenkarten zu verteilen wie eben möglich – Guerillas dagegen versuchen, so viele Visitenkarten zu sammeln wie möglich. Andere Geschäftsinhaber sehen solche Veranstaltungen als Möglichkeit, die Werbetrommel für sich zu rühren. Guerillas betrachten sie als Chance, anderen Menschen zu lauschen.

Jede Veranstaltung, an der Sie teilnehmen, ist eine weitere Möglichkeit, aus Fremden Freunde werden zu lassen, Interessenten zu

Kunden zu machen, die ersten Schritte zu unternehmen, um strategische Allianzen zu gründen und sich von allen anderen abzuheben.

Guerillas versuchen auf solchen Veranstaltungen nicht, jeden zu treffen. Stattdessen bemühen sie sich, einige zu treffen und sie kennen zu lernen. Sie erkennen, dass es kaum etwas gibt, was einen herzlichen persönlichen Kontakt und ihre Aufmerksamkeit und Fürsorge ersetzen könnte.

Wie in allen Marketingtechniken und -plänen wird auch die Netzwerkfähigkeit durch Kundenkontaktpflege intensiviert. Wenn Sie zum Beispiel einen Interessenten treffen, sollten Sie sogar so weit gehen, zu notieren, was diese Person gesagt hat, um dann innerhalb von 48 Stunden einen Brief zu schreiben, in dem Sie irgendetwas erwähnen, was Gegenstand der Unterhaltung war. Wie könnten Sie Ihre Aufmerksamkeit besser unter Beweis stellen? Wie könnten Sie sich besser von oberflächlichen Kontakten abheben?

Das Wesentliche an der Guerilla-Netzwerkfähigkeit sind Aufrichtigkeit, Herzlichkeit und die Fähigkeit, das Faszinierende in anderen Menschen zu sehen. Jeder Mensch ist interessant. Jeder Mensch hat eine Geschichte zu erzählen. Jeder will gehört werden. Es kommt darauf an, zu entdecken, was sie interessant macht, sie dazu zu bringen, ihre Geschichte zu erzählen, zuzuhören und über Möglichkeiten nachzudenken, wie Sie ihr Leben oder ihr Unternehmen verbessern können. Den größten Teil des Geschäftsalltags verbringen Sie damit, Ihre Produkte oder Dienstleistungen zu vermarkten. In Situationen, in denen Sie Ihre Netzwerkfähigkeit unter Beweis stellen können, vermarkten Sie sich selbst.

69

Sie wissen bereits, dass Menschen bevorzugt mit solchen Firmen Geschäfte machen, denen sie bereits ihr Vertrauen geschenkt haben. Sie wissen auch, dass der Fluss des Vertrauens durch das Flussbett der Glaubwürdigkeit fließt. Was das bedeutet, liegt auf der Hand: Sie müssen eine Einstellung vermitteln, die Ihre Glaubwürdigkeit unterstreicht.

Die Erkenntnis lautet, *dass Ihre Marketingaktivitäten entweder auf dieser Glaubwürdigkeit aufbauen oder sie schmälern oder aber gar nichts für sie bewirken.* Wenn Sie das wissen, müssen Sie eine Einstellung an den Tag legen, die Glaubwürdigkeit für Ihr Unternehmen und sich selbst vermittelt.

Ob Sie es mögen oder nicht, der Ton Ihrer Stimme, die Kleidung, die Sie tragen, die Art und Weise, wie Sie Telefonanrufe beantworten, das Aussehen Ihrer Marketingmaterialien, die Orte, an denen diese zu finden sind, Ihre Pünktlichkeit, Ihr Briefpapier, Ihre Visitenkarten, wirklich alles, was Sie oder die Mitarbeiter Ihres Unternehmens kommunizieren, hat Einfluss auf Ihre Glaubwürdigkeit. Das bedeutet, dass alle, die Ihr Unternehmen repräsentieren, so agieren müssen, dass ihnen diese Glaubwürdigkeit zuteil wird.

Denken Sie genau darüber nach, was Kunden erleben, die einen Auftrag in Ihrer Branche vergeben wollen. Als Erstes werden sie sich Empfehlungen geben lassen. Wenn Sie nicht glaubwürdig sind, wird man Sie nicht empfehlen, denn der Mangel an Glaubwürdigkeit wird natürlich ein negatives Licht auf den Menschen werfen, der Sie empfiehlt. Als Nächstes wird man versuchen, sich an alles zu erinnern, was man über Unternehmen gehört oder gelesen hat, die das anbieten, was Sie anbieten. Wenn Sie nicht glaubwürdig sind, ist es sehr unwahrscheinlich, dass man sich an Sie erinnert.

Vielleicht schlagen die Kunden in den Gelben Seiten nach. Dort aber sind Sie vermutlich inmitten Ihrer Konkurrenten zu finden. Vermittelt Ihre Anzeige die meiste Glaubwürdigkeit im Vergleich zu allen anderen Unternehmen, die dort werben? Wenn nicht, sind Sie schon weg vom Fenster. Vielleicht suchen Interessenten in der Zeitung nach Anzeigen, in denen das angeboten wird, was sie suchen. Sie werden natürlich nicht auf Ihre Anzeige reagieren, wenn diese nicht die angemessene Glaubwürdigkeit zeigt. Wenn sie Ihr Unternehmen anrufen, dann wird Ihre Glaubwürdigkeit durch die Art und Weise, wie Ihr Telefon beantwortet wird, untermauert oder aber untergraben. Winzige Details dienen als Grundstock für Bewunderung und Vertrauen.

Vielleicht können Sie in Ihren Werbeanzeigen schreiben: »Aus der Fernsehwerbung bekannt«, oder Sie können in Ihrer Fernsehwerbung sagen: »Wie in der *New York Times* zu lesen war«. Vielleicht können Sie auf Ihrer Homepage auf beides hinweisen. Verfügen Sie über eine lange Liste von Empfehlungen? Wenn das der Fall ist, berufen Sie sich auf sie, weil sie Ihnen Glaubwürdigkeit geben. Können Sie auf Fakten und Zahlen verweisen, die Ihre Glaubwürdigkeit stützen? Wenn ja, dann tun Sie es. Die Leute wollen keine Versuchskaninchen sein, sie finden es beruhigend, zu wissen, dass andere vor ihnen bereits Erfahrungen gesammelt haben.

Eine Einstellung, die Glaubwürdigkeit begründet und stärkt, sollte sich in all Ihren Marketingaktivitäten, in jedem Kundenkontakt, in allem, was Sie im Namen Ihres Unternehmens tun, zeigen. Je höher die Glaubwürdigkeit, desto höher die Gewinne.

70

Hinz und Kunz versuchen auf ihre Weise, Glaubwürdigkeit zu vermitteln. Sie betrachten die Dinge, so gut sie eben können, aus Sicht ihrer Kunden. Sie sind aufrichtig begeistert von ihrem Angebot. Sie versuchen in den meisten Fällen zu beweisen, dass sie ein gut geführtes Unternehmen haben, indem sie ihren Geschäften sorgfältig nachgehen und ihre Geschäftsräume so gepflegt wie möglich präsentieren. Sie tun alles, was sie können, um ihre Mitarbeiter dazu zu bewegen, mit ihnen an einem Strang zu ziehen. Sie bemühen sich um einen guten Service, auch wenn dieser häufig zwischen Exzellenz und Mittelmaß schwankt. Sie versuchen auch, so vernetzt wie möglich zu arbeiten.

Wie können sich Guerillas von all diesen anderen Unternehmen abheben, die mit den Armen rudern, um auf sich aufmerksam zu machen? Mit Leichtigkeit. Sie sind sich der Wettbewerbssituation völlig bewusst und vermeiden es, den anderen nachzueifern. Sie stellen ihre Einzigartigkeit durch ihren Umgang mit Interessenten und Kunden, durch ihre Geduld, durch ihre Aufmerksamkeit gegenüber Details unter Beweis – und durch die Erkenntnis, dass jeder, der mit ihnen Geschäfte macht, in erster Linie ein Mensch und erst in zweiter Linie ein Kunde ist.

Sie fallen auf, wenn Sie die Erwartungen übertreffen. Gehen Sie mit persönlicher Aufmerksamkeit Ihren Kunden gegenüber verschwenderisch um. Finden Sie den gewissen Dreh heraus, wie Sie jedem Menschen, der Kontakt zu Ihnen aufnimmt, das Gefühl geben können, einzigartig und etwas Besonderes zu sein.

Fallen Sie auf und verpflichten Sie sich zu innovativen Leistungen. Freuen Sie sich über Veränderungen. Sehen Sie in allen Beziehungen, die Sie pflegen, die individuellen Eigenarten. Lassen Sie sich nicht von falschen Mythen leiten. Alles kann verändert werden, wenn es erforderlich ist, wenn es ratsam erscheint, wenn die Zeiten hart sind.

Um aufzufallen, müssen Sie jede Facette Ihres Unternehmens im Auge behalten, nicht nur, um es zu verbessern, sondern um es kontinuierlich zu verbessern – Ihr Marketing, Ihren Service, die Qualität, die Sie anbieten, und die Beziehungen, die Sie aufrechterhalten.

Guerillas sind sich ihrer Sache niemals zu sicher. Sie streben ständig nach herausragenden Leistungen und Einzigartigkeit. Weil sie nichts für selbstverständlich halten und weil sie wissen, dass ihre Konkurrenten ebenso bestehen wollen wie sie selbst, beobachten sie diese Konkurrenten sehr genau und versuchen ständig, sie zu übertreffen.

Sie wissen, dass sie in einem Rennen antreten, und sie erkennen, dass niemand stillsteht. Stillstand würde bedeuten, dass zumindest ein Konkurrent, wenn nicht sogar das ganze Feld, sie überholen würde. Sie tun alles, was in ihrer Macht steht, um Ähnlichkeiten mit anderen zu vermeiden und um die Schwierigkeiten potenzieller Kunden zu erkennen, ein Unternehmen zu finden, das sie unterstützen wollen. Wie erreichen Sie es, ausgewählt zu werden? Aufgrund ihrer Einstellung, außergewöhnlich sein zu wollen.

Kapitel Neun

Die Technologie

71

Sie müssen sich vergegenwärtigen, dass *Technologie nicht mehr das ist, was sie einmal war, als Sie klein waren – und auch nicht das, was sie war, als ich diesen Satz schrieb.* Die rasende Geschwindigkeit von Veränderungen im Cyberspace ist so überwältigend und einschneidend, dass nur ein Dummkopf versuchen würde, sie genau zu definieren. Kein Tag vergeht, an dem nicht von neuen Errungenschaften berichtet wird, doch die sind schon wieder veraltet, weil inzwischen bereits wieder neue Durchbrüche erzielt wurden. Ihr Job ist es, die Veränderungen bewusst wahrzunehmen und dankbar zu sein, dass es diese Technologien gibt.

Gestern sah ich im Fernsehen, wie mein Footballteam gnadenlos geschlagen wurde. Beide Mannschaften waren über drahtlose Funktechnik mit ihren Trainern und Co-Trainern, Beobachtern und Analysten verbunden, und alles funktionierte wunderbar. Meine Freude wurde lediglich dadurch getrübt, dass mein Team im Begriff war zu verlieren. Ich nahm mir vor, Sie daran zu erinnern: Wenn Sie selbst nicht gut sind, spielt es keine Rolle, wie gut Ihre Technik ist. Meine Mannschaft hätte mit noch besserer, modernerer Technik ausgestattet sein können, mit neueren und schnelleren Geräten – sie hätte dennoch verloren. Die Effektivität Ihrer Technologie wird so weit reichen wie Ihre eigene Effektivität, sie kann sie nicht überschreiten. Wenn alle anderen Faktoren gleich sind, gewinnt das Unternehmen, das über die besten Technologien verfügt. Wenn aber Ihre Einstellung und Ihre Strategien nicht besser sind als die der Konkurrenz, nützt Ihnen die beste Technik nichts – Sie haben keine Chance.

Wenn Sie die moderne Kommunikationstechnologie zu Ihrem Verbündeten machen wollen, müssen Sie sie lieben lernen – nicht wegen ihrer Eigenschaften, sondern aufgrund ihrer Fähigkeiten. Die großartigsten technologischen Fortschritte in den neunziger Jahren waren nicht die immer niedrigeren Kosten und die wachsende Leistungsfähigkeit, sondern die Einfachheit, mit der die verfügbare Technik zu nutzen war. Benutzerhandbücher sind klarer geschrieben denn je, und auch die Technik selbst ist sehr viel bedienerfreundlicher geworden. Moderne Technologien geben kleinen Unternehmen einen unfairen Vorteil: Sie erlauben ihnen, so kraftvoll wie die ganz Großen aufzutreten, ohne gleich das große Geld auf den Tisch legen zu müssen. Der technologische Fortschritt hat nicht nur das Spielfeld eingeebnet, sondern es darüber hinaus zugunsten der Guerillas eingerichtet.

Sie müssen alles tun, was in Ihrer Macht steht, um Ihre Sicherheit im Umgang mit der Technik zu erhöhen – Sie können an einem Kurs teilnehmen, die Hilfe eines Beraters in Anspruch nehmen, ein Buch lesen, Seminare besuchen und üben. Wie kommen Sie in die Carnegie Hall? Üben, üben, üben. Wie werden Sie lieben lernen, was mit Hilfe der Technik möglich ist? Üben, üben, üben. Es ist schwer, einen Computer kaputt zu machen, deshalb werden Ihre Fehler keinen Schaden verursachen – es sei denn, Sie riskieren es nicht, sie zu begehen.

Ihr wichtigstes Anliegen ist, herauszufinden, welche Technologien Ihnen zur Verfügung stehen, um Ihnen ein bequemes Arbeiten zu ermöglichen, und dann zu entscheiden, was Sie kaufen – abhängig von Ihren Bedürfnissen, nicht von Ihren Wünschen. Wenn Sie sich dem technologischen Fortschritt verweigern, wird die ganze Welt Sie überholen.

72

Unternehmen, die modernste Technologien einsetzen, integrieren diese in ihre tägliche Arbeit und sind im Vergleich zu ihren technikfeindlichen Konkurrenten immer eine Nasenlänge voraus. Indem sie das Internet nutzen – oder »vernetzt« sind, wie es so schön heißt –, bedienen sie sich modernster Technologie, um mit ihren Büros, ihren Mitarbeitern und Kunden in Kontakt zu bleiben.

Guerillas bewegen sich mithilfe ihrer Computer in der virtuellen Welt, indem sie mit E-Mails arbeiten. Auch ihre Kommunikationsgeräte wie Handys, Laptops, Pieper, Anrufbeantworter und Anrufweiterleitungssysteme garantieren ihnen ihren virtuellen Status. Egal, wo sie sich aufhalten, Guerillas sind im entscheidenden Augenblick erreichbar. *Je besser Sie vernetzt sind, desto besser sind Sie erreichbar*, und je besser Sie erreichbar sind, desto besser können Sie Ihr Unternehmen führen und Ihren Kunden dienen.

Technik ist heute mobil und allgegenwärtig. Wie viele Leute sehen Sie täglich die Straßen entlanggehen und in ihre Miniaturtelefone sprechen? Handys erlauben Ihnen, mehrere Dinge gleichzeitig zu tun, beispielsweise Ihr Geschäft zu führen, während Sie auf dem Weg zu einem Termin sind. Mobiltelefone und Notebooks steigern Ihre Effektivität und reduzieren Ihre Arbeitszeit – Sie können Ihr Unternehmen buchstäblich in die Tasche stecken. Viele Unternehmer sparen ungeheure Summen an Büromiete, weil sie ihre Geschäftsräume aufgeben und ihr Büro einfach bei sich tragen.

Denken Sie digital. Sie können, wo auch immer Sie sich gerade aufhalten, auf Daten zugreifen, Ihre Interaktionen mit Kunden nachhalten und weitere Informationen zusammentragen, um diese Kunden glücklich zu machen.

Ich möchte Ihnen eindringlich ins Gewissen reden, Ihre Technik niemals einzusetzen, um Ihre Kunden zu nerven, um Junk-Mails bis ans andere Ende der Welt zu verschicken, in das Privatleben anderer Leute einzudringen oder auf irgendeine andere Art aufdringlich zu sein. Digitale Macht und virtuelle Bequemlichkeit sind leicht zu missbrauchen. Zwingen Sie Ihre Kunden niemals, Ihnen persönliche Informationen zu geben. Fragen Sie danach, aber fordern Sie sie nicht. Es gibt Technologien, mit denen Sie Informationen sammeln können, ohne danach zu fragen. Wenn Sie Bücher bei *Amazon.de* kaufen, werden Ihnen auf Wunsch in Zukunft Buchempfehlungen zugeschickt. Die Technik von *Amazon* ermöglicht es, Ihre Einkaufsgeschichte zurückzuverfolgen und Ihnen die Bücher zu empfehlen, die Sie eventuell ebenfalls mögen.

Guerillas müssen jedoch vorsichtig sein: Wenn Sie über Informationen verfügen, dann nutzen Sie sie umsichtig. Überhäufen Sie die Kunden nicht mit Marketingmaterialien.

Wie bei jeder Marketingmethode sollten Ihre Kunden die Ersten sein, die von dem Einsatz der Technologie profitieren. Wenn sie an Ihrer Präsenz im virtuellen Raum und an Ihrer Technik Gefallen finden und Sie dies wissen lassen – dann nutzen Sie sie richtig.

73

Vor einigen Tagen erhielt ich einen Flyer von dem Geschäft, in dem ich meinen Kaffee kaufe. Der Eigentümer rief mich an, um zu fragen, was ich davon hielt. Ich sagte ihm, es habe mir gefallen, dass er die Lieferung seines Kaffees bis zu meiner Haustür anbot, und fragte ihn, warum er nicht seine Webadresse zusammen mit seinen Telefon- und Faxnummern angegeben habe. Er antwortete, dass seine Website nicht funktioniere und dass er sie daraufhin fallen gelassen habe. Ich erzählte ihm, dass die meisten Internetangebote nicht erfolgreich seien, weil die meisten Unternehmen, die ein solches besitzen, dieses nicht ordentlich nutzen würden.

Eine funktionierende Seite ist eine Kombination aus Kunst und Technik. Die Kunst besteht darin, Zuschauer für Ihre Seite einzunehmen und ihre Aufmerksamkeit zu erregen. Wenn Ihre Seite anziehend und einnehmend ist, dann sind Sie mit Ihrer Kunst erfolgreich. Nun zur Technik. Sie gibt Aufschluss darüber, was Sie mit Ihrer Seite erreichen wollen, hilft Ihnen, eine Homepage einzurichten, die genau das leistet, um sie im Internet zu verbreiten.

Viele Unternehmer verwenden enorm viel Zeit darauf, ihre Seite einzurichten und vergessen darüber zu planen, was sie leisten soll und wie sie für die Seite werben werden, damit potenzielle Kunden wissen, dass es sie gibt. Im Internet scannen die Leute Texte – sie lesen nicht. Sie halten sich nirgendwo lange auf. Wenn es nichts gibt, was sie interessiert, wenn sie aus Versehen auf einer falschen Seite landen oder wenn die Verbindung abbricht, dann sind Sie einen Mausklick davon entfernt, Geschichte zu schreiben!

Um sicherzustellen, dass Ihre potenziellen Käufer Sie finden, müssen Sie wissen, wie Suchmaschinen funktionieren. Sie sollten dafür sorgen, dass Sie nicht nur anhand Ihres Namens über die Suchmaschinen zu finden sind, sondern auch anhand von Schlüsselbegriffen, die Ihr Unternehmen charakterisieren. Eine Zeitung in San Francisco könnte ihren Namen benutzen, würde aber außerdem Schlüsselwörter wie San-Francisco-Zeitung, Großstadtnachrichten, Kalifornische Zeitung oder sogar San Francisco Bay Area einsetzen. Um Ihre Seite bekannt zu machen, sollten Sie sie in verschiedene Suchmaschinen eintragen lassen. Die Eintragung ist eine ständige Aufgabe, kein einmaliger Vorgang. Danach listen Sie Ihre Seite in Hunderten von Webverzeichnissen auf, die über die entsprechenden Kategorien verfügen. Viele davon stehen Ihnen kostenlos zur Verfügung.

Ihre Seite sollte nicht so umfangreich sein wie die anderer Unternehmen und weniger Text enthalten. Lange Artikel sollten Sie nicht gleich zu Beginn, sondern eher im hinteren Bereich Ihrer Website unterbringen.

Der Austausch von Links mit anderen Internetangeboten, die Werbung mit interaktiven Bannern auf Seiten mit hohen Zugriffszahlen, das Verschicken von E-Mails an Interessenten und die Teilnahme an themenverwandten Newsgroups, in denen Sie sich einen Namen machen, sind wichtige Mittel, um Ihrer Seite Aufmerksamkeit zu verschaffen. Weisen Sie auch auf Ihrer Visitenkarte, Ihren geschäftlich genutzten Drucksachen und mit allen anderen Marketingwerkzeugen auf Ihre Website hin, weil sich die Seite so lange nicht für Sie auszahlen wird, bis Ihre Kunden wissen, dass es sie gibt. Sie haben verstanden: *Web-Marketing ist eine Komponente aller Marketingkampagnen und muss in jede Kampagne integriert werden,* sie kann nicht für sich existieren.

74

Informationen werden umso wertvoller, je mehr Sie sie mit anderen teilen. Informations-Sharing ist noch nie so einfach gewesen wie heute. Guerilla-Verkäufer gehen mit ihren Informationen äußerst großzügig um, weil sie wissen, dass sie auf diese Weise zu Autoritäten werden. Sie bieten kostenlose Beratungen an, halten Vorträge, leiten Seminare, verschicken Broschüren, schreiben Kolumnen oder Artikel über Themen aus ihrer Branche, sind Gastgeber von Online-Konferenzen oder verfassen Artikel für Homepages, die ihre potenziellen Kunden lesen.

Das Informations-Sharing bietet nicht nur der ganzen Welt, sondern auch den Guerillas Vorteile. Sie werden zu Experten und teilen ihren Sachverstand mit anderen, und sie machen sich bei den Kunden einen Namen und können Beziehungen aufbauen.

Das Informations-Sharing hat durch die Entstehung von Computernetzwerken immer höhere Geschwindigkeiten erreicht. Unternehmen in aller Welt können miteinander kommunizieren und auf Datenbanken zugreifen – mit dem Ziel, ihren Kunden zu helfen. Informations-Sharing sorgt dafür, dass alle Ihre Verbündeten nur einen Mausklick entfernt sind.

Wenn Sie mit einer brennenden Kerze einen dunklen Raum betreten und feststellen, dass alle Personen in diesem Raum Kerzen in der Hand halten, die nicht angezündet sind, dann können Sie alle anderen Kerzen mit Ihrer anstecken und den Raum heller machen, ohne dass Ihre eigene Kerze darunter leidet. Nutzen Sie Ihre Informationen wie eine brennende Kerze und profitieren Sie von dem Synergieeffekt!

Guerillas wissen, dass sie vieles mit anderen teilen können. Sie sind in der Lage, Netzwerke aufzubauen und strategische Allianzen zu bilden, potenzielle Käufer abzuwerben, Kunden zu helfen und einen stromlinienförmigen Angriff zu leiten, indem sie nicht nur Informationen mit anderen teilen, sondern auch Datenbanken, Dateien, Pläne, Technologien, Managementkenntnisse, Kundenservice, Arbeitspotenzial, Einkaufspotenzial und Marketingschlagkraft gemeinsam nutzen. Das Gleiche gilt auch für Personal, Kapital und Kreativität.

Sie müssen einen siebten Sinn entwickeln, um herauszufinden, was sie geben und teilen können, mit wem Sie etwas gemeinsam nutzen und wie Sie das bewerkstelligen können. Das Internet hat das Wirtschaftsleben unwiderruflich verändert, weil es so einfach und schnell geworden ist, mit jemandem zusammenzuarbeiten, etwas abzugeben und etwas zu bewirken.

Seien Sie dennoch vorsichtig und gehen Sie bedacht mit Informationen und kleinen Details um. Im Informationszeitalter prasseln schon zu viele Daten auf die Menschen ein, wie aus einem Feuerwehrschlauch, der auf eine Teetasse gerichtet ist. Sie sollten wertvolle Informationen weitergeben, aber wählen Sie aus, mit wem Sie teilen, was Sie teilen und wo Sie es teilen. In der Vergangenheit wurden Informationen wie ein Schatz gehütet, aber die Vergangenheit ist heute Geschichte, und die Zukunft birgt für diejenigen die größten Versprechen, die die Kerzen der anderen anzünden.

75

Glaubwürdigkeit, Kunden und Wirtschaftlichkeit. Dazu verhelfen Ihnen dieselben Technologien, mit denen Sie auch in der Lage sind, Ihre eigene Marketingagentur, Ihre eigene Werbeagentur, Ihr eigenes Produktionsstudio oder Ihr eigener Drucker zu werden. Es gibt Software, die diese komplexen Aufgaben bewältigen und selbst von den unerfahrensten Unternehmern problemlos bedient werden kann.

Software verändert und verbessert sich so schnell und explosionsartig, dass kein Buch zeitlos genug sein kann, alles auf dem Markt Erhältliche aufzulisten. Es genügt zu wissen, dass *Sie heute selbst bewältigen können, was früher viel Geld kostete, viel Zeit in Anspruch nahm und häufig von den falschen Leuten mit den falschen Absichten geschaffen wurde.*

Sie müssen noch nicht einmal kreativ sein. Sie brauchen nicht mehr als einen Computer und die Software, die Sie in die Lage versetzt, wirklich herausragende Marketingmaterialien zu einem Bruchteil der bisherigen Kosten zu produzieren. Statt von grafischen Eyecatchern zu träumen, müssen Sie lediglich aus dem unerschöpflichen Angebot an Grafiken, die Ihre Software anbietet, eine auswählen und mit der Maus anklicken. Sie können leistungsstarke Marketinginstrumente erschaffen, die gut aussehen und die Kunden zum Kauf anregen.

Konstruieren Sie Ihre Marketingwerkzeuge selbst, indem Sie in Ihren Wachstumsplänen den Einsatz moderner Technologien vorsehen. Statten Sie Ihren Computer mit Grafikkarten oder Beschleunigungskarten aus, um Ihre Hardware leistungsfähiger zu machen und die Softwaremöglichkeiten ausschöpfen zu können. Entscheiden Sie sich für Softwareanwendungen, die von anderen Firmen entwickelt wurden als vom Hersteller Ihres Computers. Bauen Sie größere Speichermedien ein, um Ihre Speicherkapazität zu erhöhen. Einer der Hauptgründe für das Scheitern von Unternehmen ist ihr Versäumnis, das Wachstum zu managen, das sie erreicht haben. Investieren Sie vorbehaltlos in Technologien, weil ihre sinnvolle Nutzung Aufschluss darüber gibt, wie gut Sie das Wachstum Ihres Unternehmens managen können.

Bedenken Sie jedoch immer, dass Sie in einer analogen Welt leben, ganz gleich, wie viel Technologie Ihr Unternehmen einsetzt. Trotz der unzähligen E-Mails, Voice-Mails und Faksimiles wird nur der persönliche Kontakt Sie an die Spitze bringen. Je persönlicher Ihre Kommunikation ist und je individueller sie auf ihre Kunden zugeschnitten ist, desto mehr dienen Sie damit Ihren Kunden und desto erfolgreicher sind auch Sie.

Früher überließ man das Marketing den Experten. Heute stimmen Guerillas darin überein, dass sie sich in erster Linie auf ihre Kunden konzentrieren sollten und nicht auf die Experten. Es ist nicht Ihr Ziel, Experten mit Ihren Marketingaktivitäten glücklich zu machen – Ihnen geht es um Ihre Kunden. Laden Sie sie in Ihr Geschäft ein und passen sie auf, dass sie Ihnen nicht im Internet-Labyrinth verloren gehen. Wenn Sie sie irgendwo hinschicken, sollten Sie sicherstellen, dass sie sich dort wohlfühlen.

76

Sobald Sie eine leistungsstarke Software und die richtige Einstellung haben und wissen, wie Sie Ihre Technik nutzen können, um einen überzeugenden Marketingplan zu erarbeiten, müssen Sie nur noch entscheiden, welche Materialien Sie für Ihren Guerilla-Marketing-Angriff verwenden wollen.

Bevor Sie diese Entscheidung treffen, sollten Sie wissen, dass bestimmte Prinzipien auf fast alle Materialien gleichermaßen zutreffen. Sie müssen sich darüber im Klaren sein, was Ihre potenziellen Kunden tun sollen, wenn sie Ihre Materialien erhalten haben. Sie werden fragen: »Was ist für mich dabei?« Sie müssen sich zurückhalten und dürfen nicht sofort alle Details enthüllen.

Zuerst müssen Sie Ihrer Rechtschreibung und Grammatik genügend Aufmerksamkeit schenken, weil Nachlässigkeiten und Fehler auch das interessanteste Angebot zunichte machen. Verhindern Sie, dass Druckfehler, Widersprüche und Auslassungen die Leser von Ihrer Botschaft ablenken. Ihre Kunden bemerken die Fehler. Und Sie können nicht einfach Ihre Marketingaussage loswerden, ohne den Lesern mitzuteilen, was sie als Nächstes tun sollen. Versehen Sie all Ihre Marketingmaterialien mit einer abschließenden Aufforderung zum Handeln. Nennen Sie eine Telefonnummer, die sie anrufen können, oder Ihre Internetadresse, damit sie Ihre Homepage aufsuchen. Fordern Sie sie auf, Ihnen ein Fax zu schicken, einen Fragebogen auszufüllen, in Ihrem Laden zu stöbern oder auf einer Messe nach Ihnen zu suchen. Wenn Sie ihnen nicht sagen, was sie tun sollen, werden sie wahrscheinlich gar nichts tun.

Mit diesem Wissen sind Sie in der Lage, die Marketingwerkzeuge auszuwählen, die Sie in Ihrem eigenen Büro entwickeln werden. Sie sollten hier über Broschüren, Flyer, Postkarten für den Direktversand, Briefe, Selfmailer oder Rückantwort-Werbebriefe und Coupons nachdenken. Sie können auch überlegen, online oder offline einen Newsletter zu veröffentlichen. Sie können Ihr eigenes Internetangebot einrichten, aussagestarke Verkaufsdisplays und Plakate gestalten, Präsentationen und Kataloge zusammenstellen. Sie können eine große Bandbreite an Verkaufshilfen, ja selbst gewinnversprechende Flipcharts erstellen.

Viele Guerillas nutzen die Technologie, um interaktive CD-ROMs, Video- und Audiokassetten zu produzieren oder wirkungsvolle PR-Kampagnen durchzuführen. Sie sind sich der Möglichkeiten der ihnen zur Verfügung stehenden Technologien bewusst, wenn sie ihre Angebote konzipieren. Oft genügt es, den Werbeunterlagen ein professionell wirkendes Angebot hinzuzufügen, in dem Farben, Grafiken und visuelle Reize miteinander verknüpft werden und dafür sorgen, dass der potenzielle Käufer die Dinge mit Ihren Augen sieht, sodass er sich entschließt, Ihr Produkt oder Ihre Dienstleistung zu kaufen.

Mit Ihrem Computer können Sie die Marketingmaterialien zusammenstellen, die Sie benötigen, um Geschäftsabschlüsse zu erzielen. Sie können Ihre Materialien vom einfachen Rundschreiben bis hin zu umfangreichen Multimediapräsentationen mit Ton und Bild selbst erstellen. Früher war es mit gewaltigem Aufwand verbunden, solche Präsentationen vorzubereiten. Dank modernster Technologien machen Sie das mit links. *Sie leben in einer Do-it-yourself-Welt.* Guerillas haben das verstanden und nutzen ihre Möglichkeiten.

77

Nun wissen Sie, was Sie mithilfe Ihres Computers, unterstützt von ein wenig Software, einem Scanner und einem Drucker herstellen können. Aber die Technik bietet Ihnen noch mehr.

Guerillas wissen, wie wirkungsvoll Marketingaktivitäten auf der Grundlage umfangreicher Datenbanken sein können. Datenbanken sind ideale Guerilla-Waffen, mit denen Sie Ihre Konkurrenten ausstechen, indem Sie auf der Grundlage Ihres Wissens über Ihre Kunden einzigartige Produkte und Dienstleistungen anbieten und wirkungsvoll kommunizieren. Eine solide Datenbank befähigt Sie, so viel über Ihre Kunden zu erfahren, dass Sie neue Nischen schaffen können, um zu expandieren und neue Angebote zu erarbeiten.

Sehen Sie sich Ihre Datenbank an und halten Sie sich vor Augen, dass jeder Name darin ein Individuum ist, nicht eine statistische Größe im Massenmarkt. Weil es sich um Individuen handelt, können Sie sie nach ihren Interessen, ihren Bedürfnissen und Wünschen fragen, etwas über ihre Beschäftigungen, ihre Familien und Träume, aber auch ihre Probleme erfahren und darüber, wie sie Sie und Ihre Konkurrenten wahrnehmen. Angenommen, Sie haben einen Kunden, der vor zwei Monaten bei Ihnen Druckerpapier bestellt hat, so können Sie diesen Kunden wieder kontaktieren, um eine Nachbestellung in die Wege zu leiten. Wenn Sie wissen, was Ihre Kunden brauchen, ehe sie es selbst wissen, können Sie es ihnen anbieten, bevor Ihre Konkurrenten auch nur den Anflug einer Chance hatten. Dazu müssen Ihre Datenbanken immer aktuell sein und darüber hinaus sowohl Kunden als auch potenzielle Kunden umfassen. Sobald Sie etwas Neues über einen Kunden oder einen potenziellen Käufer erfahren, sollten Sie es in Ihre Datenbank aufnehmen.

Guerillas wissen, dass jeder Verkauf an einen neuen Kunden der Beginn einer möglicherweise langen und fruchtbaren Beziehung sein kann. Obwohl sicherlich viele Namen in Ihren Datenbanken stehen, bauen Sie diese Datenbank Name für Name auf. Datenbanken sind keine Einbahnstraßen – es sind vielmehr gut ausgebaute Straßen, über die Sie mit Ihren Kunden kommunizieren und Dialoge führen. Ermutigen Sie sie, Ihnen zu sagen, was sie denken.

Wenn Sie sich intensiv mit Ihrer Datenbank befassen, können Sie die Gemeinsamkeiten und die statistischen Eckdaten herausarbeiten. Dabei kann es sich um den Wohnort, um den Besitz bestimmter Autos, um Zeitschriftenabonnements, Gewohnheiten oder ein bestimmtes Alter handeln, aber auch um Themen wie Gesundheit, Familienzusammensetzung oder vorangegangene Käufe. Sie können sich auf Ihre besten Kunden konzentrieren, wenn Sie eine Datenbank haben.

Früher wurden diese Datenbanken auf Karteikarten geführt, heutzutage sind sie in Computerdateien aufgehoben. Und die Wartungskosten sind so niedrig, dass selbst ein Guerilla mit einer winzigen Firma mit dem Datenbankmarketing arbeiten kann. Das Ziel: Finden Sie heraus, was Ihre Kunden wollen, und bieten Sie ihnen genau das an.

78

Mark Twain sagte einmal, er habe nie zugelassen, dass seine schulische Ausbildung seine Entwicklung beeinträchtigte. Egal über welche Schulbildung Sie verfügen, sie kann unmöglich alles abdecken, was uns die Technik heute ermöglicht. Wenn Sie ein Seminar besuchen, in dem Sie lernen sollen, wie Computer Sie in Ihren Marketingaktivitäten unterstützen, werden Sie als Erstes feststellen, *dass Sie sich mit dem Einsatz von E-Mails als Marketinginstrument vertraut machen sollten.*

E-Mail ist nicht mit normalem Briefverkehr zu vergleichen. Der Unterschied ist beachtlich, und die Verbesserung gegenüber der altmodischen Postauslieferung ist so groß, dass der U. S. Postal Service sich heute der E-Mail bedient. Heute werden mehr E-Mails versandt als Briefe verschickt. All das verdanken wir Ray Tomlinson, der die Electronic Mail im Jahre 1971 erfand.

Sie können E-Mails in Ihrem Marketing so einsetzen, dass Ihre Kunden mit Begeisterung Geschäfte mit Ihnen machen werden. Guerillas lieben E-Mails und hassen Junk-Mails. Ihre Vorliebe für E-Mails ist darauf zurückzuführen, dass sie ihre Nachrichten jeder beliebigen Person auf der Welt unverzüglich zusenden können, sofern der Empfänger über einen Internetzugang verfügt, und davon gibt es mit jedem Wort, das ich tippe, mehr. Wenn Sie einen Teil Ihrer geschäftlichen Kommunikation per E-Mail abwickeln, sparen Sie sowohl Zeit als auch das Geld, das Sie sonst für Porto ausgegeben haben. Und weil Sie für E-Mails kein Papier benötigen, schützt es obendrein den Baumbestand unserer Erde.

Die Empfänger können Ihre E-Mail auf dem Bildschirm lesen oder sie sich ausdrucken und genauso aufbewahren wie einen Standardbrief (wozu sie natürlich Papier benötigen). Sie müssen Ihre E-Mails jedoch keineswegs ausdrucken und abheften – und sparen so nicht nur die Kosten für das Papier, sondern benötigen außerdem keinen Platz für Aktenordner. Bewahren Sie Ihre elektronische Post in Ihrem Computer auf. Fertigen Sie Kopien an, wenn sie welche benötigen. All Ihre Dateien und Notizen befinden sich auf kleinstem Raum an einem bequemen Ort. Jede E-Mail ist datiert und mit einem Betreff versehen. Viele Experten meinen, dass von allen Errungenschaften, die das Internet mit sich bringt, E-Mail die wertvollste aller Computeranwendungen sei.

Mithilfe von E-Mails können Sie auch die Kosten für Kurierdienste und Telefaxe einsparen. Sie können auf diesem Wege sowohl kurze Mitteilungen als auch lange Dokumente versenden, sowohl schlichte Schwarz-Weiß-Texte als auch aufwändig gestaltete, farbenfrohe Werbematerialien. Es ist für Sie und die Person, die die E-Mail erhält, gleichermaßen einfach. Wer sind Ihre Adressaten? Ganz einfach: alle, die Ihre Informationen erhalten wollen. Sie finden ihre Namen auf Ihrer Kundenliste, in den Newsgroups, an denen Sie regelmäßig teilnehmen, in Chatrooms, in denen Sie über Ihre Branche und möglicherweise auch über Ihre Firma sprechen.

Auch wenn E-Mails nicht wirklich kostenlos sind, weil Sie über einen Computer und einen Internetanschluss verfügen müssen, ist dieses Medium doch wesentlich günstiger als Telefon, Briefpost oder Telefax. Wenn Sie E-Mails für Ihr Marketing verwenden, fassen Sie sich so kurz wie möglich – die Empfänger lesen am Bildschirm anders als bei einem Brief, der auf Papier vor ihnen liegt. Wer online ist, will Zeit sparen und sich nicht damit aufhalten, lange Texte zu lesen. Um es mit den Worten Thomas Jeffersons zu sagen: »Verwenden Sie niemals zwei Worte, wo schon ein Wort ausreicht.«

79

Ebenso faszinierend wie der Einsatz von E-Mails sind auch die Möglichkeiten, mit technologischer Unterstützung Marktforschung zu betreiben. Als eingeschriebene Mitglieder des Informationszeitalters schöpfen Guerillas alle Vorteile aus den Möglichkeiten der Marktforschung, die sich ihnen durch ihren Computer und das Internet eröffnen.

Sie nutzen das Netz, um auf Datenbanken zuzugreifen, die voller Informationen über ihre Konkurrenten sind. Sie besuchen regelmäßig die Websites ihrer Konkurrenten. Sie halten sich in Chatrooms auf, in denen auch ihre Konkurrenten aktiv sein könnten. Sie nehmen an denselben Newsgroups teil wie ihre Konkurrenten. Sie setzen Bookmarks, virtuelle Lesezeichen, auf ausgewählte Seiten im Internet und durchsuchen das Netz nach Informationen.

Auf ihren eigenen Homepages stellen Guerillas Fragen, animieren ihre Kunden zum Versenden von E-Mails und versuchen an Informationen zu gelangen, indem sie erklären, dass sich der Service noch weiter verbessern werde, je mehr der Operator der Website über sie weiß. Das klingt plausibel. Sie stöbern in den reichhaltigen Archiven, die es online und auf CD-ROM gibt, nach Informationen. Sie sind regelmäßige Besucher in Markengemeinden, die um ihre jeweilige Branche angesiedelt sind.

Sie alle haben verstanden: *Je mehr sie wissen, desto kreativer können sie sein.* Je mehr sie wissen, desto mehr Erfolg werden sie haben. Dies ist auch der Grund, weshalb Sie immer wieder hören werden, dass Information die Währung des 21. Jahrhunderts ist.

Guerillas sehen sich jedes Forum sehr genau an, in dem ihre Wettbewerber Marketingaktivitäten entfalten könnten. Es kann sich um Online-Kleinanzeigen, um Suchmaschinen, um elektronische Zeitschriften und um Diskussionsgruppen handeln. Immerhin 90 Prozent der Jobsuchenden in den Vereinigten Staaten sagten 1998, sie hätten das Internet für ihre Jobsuche genutzt. 72 Prozent von ihnen sagten aus, sie hätten das Netz genutzt, um Nachforschungen über die Firmen anzustellen, bei denen sie sich beworben hatten. Beinahe alles bewegt sich online.

Ob es sich um Informationen über eine spezifische Branche, um gesetzliche oder medizinische Informationen oder um beliebige andere Themen handelt, online finden Sie Antworten auf all Ihre Fragen. Mehr noch, sie sind dort leichter zu finden als anderswo. Bill Gates hat das Internet auch »das Informationssuperarchiv« genannt.

So wertvoll Marktforschung für Ihr Unternehmen auch sein mag, wenn Sie sie regelmäßig betreiben, verdoppelt das ihren Nutzen noch. Ihre Konkurrenten wissen, wie wichtig es ist, ihre Seiten regelmäßig zu aktualisieren. Also wissen Sie, wie wichtig es ist, ihre Seiten regelmäßig zu besuchen.

80

Wie alle Guerillas wissen Sie, wie Sie Ihr Marketing mithilfe moderner Technologien unterstützen können. Sie wissen, dass Sie die Grenzen der Technik kennen und über die Fortschritte auf dem Laufenden bleiben müssen, die sich mit halsbrecherischer Geschwindigkeit vollziehen. Lassen Sie nicht zu, dass diese Fortschritte Sie überwältigen. Nur wenige Dinge werden überflüssig, fast alles wird verbessert.

Auch wenn sie Wunder wirken kann, so mag sich die Technik doch auch als Ablenkung und Zeitverschwendung erweisen, wenn Sie sich auf die Technologie als solche konzentrieren und nicht auf die Vorteile, die Ihrem Geschäft dadurch entstehen.

Kim Elton, Autor des Buches *Net Benefits*, bemerkt dazu: »Geschäft ist Leben, und das Leben kann chaotisch sein. Wie eine Küchenspüle voll schmutzigem Geschirr. Sie kennen das. Wenn Sie endlich alles abgewaschen haben, bringt Ihnen jemand einen Topf, in dem ihm etwas angebrannt ist, und bevor sie es sich versehen, stecken Sie wieder mit einem Spülschwamm in der Hand bis zu den Ellenbogen im schmierigen Wasser. Aber wenn die Kinder gesund und stark heranwachsen – und Ihnen heute wie in Zukunft beim Abwaschen helfen –, ist es jede Mühe wert. Bald schon werden Sie eine Spülmaschine bekommen und das Chaos aus dem Spülbecken in die Maschine räumen. Aber das Geschirr wird nach wie vor gereinigt werden müssen. Die Technologie erleichtert die Arbeit und befreit ein wenig von der Last, aber sie entbindet nicht von der Pflicht.«

Diese Einsicht möchte ich Ihnen in diesem Kapitel mitgeben: Technische Errungenschaften helfen Ihnen, Ihre Aufgaben zu bewältigen, aber sie nehmen Ihnen die Arbeit nicht ab. Es ist Ihr Job. Um zu verstehen, wie Ihnen die Technik helfen kann, ist es nicht notwendig, den Jargon zu erlernen, in dem Insider sich verständigen. Aber Sie müssen den Einfluss der Technologie verstehen und begreifen, dass sie eine Wasserpistole in eine Kanone verwandeln kann.

Um daraus finanziellen Nutzen zu ziehen, müssen Sie Ihre Bedürfnisse genau kennen, die Sie mithilfe der Technik befriedigen wollen. Sie müssen wissen, wie Sie die Technologie, in die Sie investiert haben, am besten einsetzen, um den maximalen Nutzen daraus zu ziehen. Lernen Sie, den Unterschied zwischen Spielerei und solider Technik zu erkennen.

Sie würden im Traum nicht daran denken, ein Unternehmen zu führen, ohne ein Telefon zu haben. Der Computer wird in Zukunft genauso selbstverständlich und verbreitet sein wie das Telefon, und es wird nicht schwieriger sein, moderne Kommunikationstechnologien einzusetzen, als ein Telefon zu bedienen. Schon heute ist die Technik relativ bedienerfreundlich. Die Investment-Research-Firma Robertson Stephens wagte die folgende Prognose: »Nach vier Jahrzehnten der Verarbeitung von Zahlen wird die Hauptaufgabe des Computers in Zukunft die Abwicklung der Kommunikation sein. Wir stehen an einem Scheideweg und sind Zeugen einer technologischen Metamorphose. ... Unserer Ansicht nach werden Computer, deren Aufgabe ursprünglich die Verarbeitung von Zahlen war und die fünfzig Jahre lang ständig an mathematische Anwendungen angepasst wurden, in Zukunft vor allem für die Kommunikation verwendet werden.« Die Zukunft ist jetzt Gegenwart.

Kapitel Zehn

Die Wirtschaftlichkeit

81

Wenn Guerillas an Wirtschaftlichkeit denken, denken sie nicht nur daran, wie sie Geld sparen können. Viel wichtiger ist ihnen, wie sie die Investitionen in ihre Marketingaktivitäten in bare Münze verwandeln können. Denn es gibt zwei Arten von Marketing – teures und kostengünstiges. Teures Marketing deckt die Investitionen, die Guerillas getätigt haben, nicht ab, während die Investitionen in kostengünstiges Marketing reich belohnt werden. *Wirtschaftlichkeit hat nichts mit Kosten zu tun; sie zeigt sich vielmehr in den Ergebnissen.*

Um dennoch auf der sicheren Seite zu sein, sind Guerillas darüber hinaus ohnehin genügsam und sparsam. Sie kennen den Unterschied zwischen einer Investition in frei verfügbare Güter, wie zum Beispiel Papier und Buchhaltungsdienstleistungen, und einer wirklichen Investition, die ihren Namen verdient, sei es eine Telefonanlage oder eine Customer-Tracking-Software, mit der sich Kunden in bestimmte Gruppen einteilen lassen – Dinge, die sie täglich nutzen. Der Unterschied zwischen diesen beiden Ausgaben ist sehr groß, und deshalb werden Sie nicht überrascht sein zu erfahren, dass Guerillas selten ihre Zeit und Energie darauf verwenden, relativ günstige, frei verfügbare Käufe zu überwachen, während sie mit Begeisterung ein hohes Maß an Zeit und Energie aufbringen, um durch kostspielige Investitionen beträchtliche Ersparnisse zu erzielen.

Der Schlüssel zur Wirtschaftlichkeit besteht darin, nicht den Begriff des Kaufs in den Vordergrund zu stellen, sondern den Begriff des Erwerbs. Seien Sie offen für Handeln, Teilen, Mieten und dafür, eine bereits bestehende Sache abzuändern. Sie könnten sich einige Fähigkeiten aneignen, damit Sie bestimmte Aufgaben selbst erfüllen können, statt jemanden dafür zu engagieren. Mit einer guten Desktop-Publishing-Software können Sie eine Menge Geld sparen, das Sie sonst an einen Profi zahlen würden. Guerillas wissen genau, in welchen Bereichen es sich auszahlt, einen Profi zu engagieren. So enden laienhafte Marketingaktivitäten zwangsläufig in einer Katastrophe. Wenn Sie jedoch beispielsweise einen hoch bezahlten professionellen Designer engagieren, um Ihren Marketingunterlagen eine kraftvolle visuelle Gestaltung zu geben und dann Ihre eigenen Angestellten einsetzen, damit sie Ihre Marketingmaterialien nach seinen Vorschlägen entwickeln und umsetzen, ist das eine geldwerte Alternative. Lernen Sie von jedem Berater, den sie engagieren.

Wirtschaftlich zu arbeiten heißt *klug zu investieren.* Guerillas testen ihre Investitionen in begrenztem Umfang, bevor sie sich kopfüber in einen Marketingplan stürzen. Sie fürchten einen Fehlschlag nicht, vorausgesetzt, die Fehlschläge sind klein und handhabbar, und sie wissen, dass sie schon auf dem Weg zu Reichtum und Profitabilität sind, wenn nur einer von zehn Versuchen erfolgreich abgeschlossen wird. Guerillas sind sich dessen bewusst, dass Geld nicht der Schlüssel zum Glück oder zum Erfolg ist, aber sie wissen auch, dass sie sich einen solchen Schlüssel erst anfertigen lassen können, wenn sie genug Geld und Erfolg haben. Genügsamkeit heißt, Prioritäten zu setzen und Ergebnisse vorweisen zu können – und nicht nur Geld zu sparen.

82

Es gibt viele Möglichkeiten, Geld zu verschwenden. Im Marketing ist die gebräuchlichste, sich nicht an einen Plan zu halten. Unzählige Millionen sind bereits in Marketingkampagnen investiert worden, die in jeglicher Hinsicht erfolgreich waren, bei denen es allerdings dem Verkäufer an Durchhaltevermögen mangelte, sich an den Plan zu halten. Guerillas wissen, *dass es Zeit braucht, bis sich ein Investition auszahlt, und dass sie sich keinesfalls auf sofortige Resultate einstellen dürfen.*

Wenn Sie eine Marketingkampagne aufgeben, bevor sie auch nur die geringste Chance hatte, erfolgreich zu sein, werfen Sie Ihr Geld gleich in dreifacher Hinsicht zum Fenster hinaus: Zum einen sind damit alle bisherigen Investitionen umsonst. Zweitens werden Sie erneut investieren müssen, um die Öffentlichkeit herzustellen, die Sie benötigen, wenn Sie einen gewissen Marktanteil erreichen wollen. Zum dritten werden Sie neue Marketingmaterialien erstellen müssen.

Inhaber kleiner Unternehmen verschwenden auch auf andere Art und Weise Geld. Viele geben Geld für Marktforschung aus, statt selbst Recherchen durchzuführen. Andere gehen das Risiko ein, eine Kampagne zu starten, die sie vorher nicht getestet haben. Wieder andere entwickeln Marketingmaterial, das regelmäßig aktualisiert werden muss, statt von vornherein zeitlose Unterlagen herzustellen. Wenn Sie in Ihrem Prospekt schreiben, dass Ihr Geschäft seit fünf Jahren besteht, dann müssen Sie den Text im kommenden Jahr aktualisieren. Wenn Sie sich dagegen für die Formulierung entscheiden, dass Ihr Unternehmen 1996 gegründet wurde, verliert die Aussage nicht an Aktualität.

Verkäufer in kleinen Unternehmen verschwenden auch kostbare Ressourcen, indem sie in Marketingaktivitäten investieren, die unterhaltsam, lustig, vielleicht sogar zum Schreien komisch sind. Marketing dient dazu, Geld in ihre Taschen zu bringen, nicht dazu, ein Lächeln auf die Gesichter Ihrer potenziellen Kunden zu zaubern.

Die simpelste Methode, wirtschaftlich zu arbeiten, wird am häufigsten übersehen – Marketingaktivitäten, die sich an bereits vorhandene Kunden richten. Ein Produkt an einen Kunden zu verkaufen kostet nur ein Sechstel dessen, was Sie aufwenden müssen, um das gleiche Produkt an einen Nichtkunden zu verkaufen. Die Kosten, die Sie einkalkulieren müssen, um mögliche Kunden aufzuspüren und zu überzeugen, erscheinen astronomisch im Vergleich zu den Kosten für die Überzeugungsarbeit an bereits bestehenden Kunden. Marketingaktivitäten, die auf der Basis von Datenbanken beruhen, können die Kosten des Guerilla-Marketings merklich senken, und dennoch machen viele Unternehmer nicht einmal den Versuch, ihre Kunden zu einem Wiederholungskauf zu motivieren.

Guerillas kaufen nichts, was sie zwar gern haben wollen, aber nicht wirklich brauchen. Sie schenken aalglatten Verkäufern keinen Glauben, die ihnen neue und unerprobte Marketingwerkzeuge anbieten, sie vermeiden es, schlechte Entscheidungen zu treffen, indem Sie niemals übereilte Entscheidungen treffen, und sie stellen sich immer wieder die Frage: »Wenn ich etwas gestern nicht gebraucht habe, warum sollte ich es heute brauchen?«

Die häufigsten Bremsklötze der Wirtschaftlichkeit sind Verhandlungsfehler, das Versäumnis, vor dem Kauf Vergleiche anzustellen oder im Internet zu recherchieren. Sie sollten genau wissen, wohin Ihr Geld fließt. Je geringer Ihre Ausgaben heute sind, desto fetter wird Ihr finanzielles Polster morgen sein.

83

Jedem Irrtum, den die Eigentümer kleiner Unternehmen begehen, steht mindestens ein brillanter Schachzug gegenüber, den ein Guerilla tätigte, um Geld zu sparen und um aus geringfügigen Investitionen den größtmöglichen Gewinn abzuschöpfen. Einige sind mehr, andere weniger gut bekannt, aber eines haben alle gemeinsam: Sie können darüber entscheiden, ob Sie Ihr Betriebsergebnis mit roter oder schwarzer Tinte schreiben müssen.

Die drei naheliegendsten Wege der Gewinnmaximierung sind natürlich folgende: den außergewöhnlichen Wert einer bestimmten Marketingkampagne zu erkennen; Marketing mit dem Ziel durchzuführen, das zu verkaufen, was Sie anbieten; und einzusehen, dass Sie mit Marketingaktivitäten, die sich auf Kunden richten, mehr erreichen können als mit Marketing, das sich auf Nichtkunden konzentriert.

Wenn Sie diese Prinzipien befolgen, werden Sie feststellen, dass Marketing besser funktioniert und weniger kostet, als Sie dachten.

Um wirtschaftlich zu arbeiten, müssen Sie erkennen, dass auch Kleinigkeiten erfolgreich sein können. Small is beautiful! Ziehen Sie in Erwägung, einen Berater statt einer Anzeigenagentur zu engagieren, wenn Sie die Arbeit nicht alleine bewältigen können. Wenn Sie sich für eine Anzeigenagentur entscheiden, müssen Sie wissen, dass die Aufträge kleiner Unternehmen in großen Anzeigenagenturen häufig zur Bearbeitung an Anfänger übergeben werden, während sich in kleinen Agenturen das Topmanagement mit ihnen befasst.

Bedenken Sie, wie wichtig Wiederholungen sind, wenn Sie über die Größe Ihrer Anzeige oder die Länge Ihres Werbespots entscheiden müssen. Kleine Anzeigen und kurze Werbespots kosten weniger, und so können Sie sie häufiger wiederholen, ohne mehr zu investieren. Wiederholen Sie Ihr Angebot mehrmals, dringen Sie in das Unterbewusstsein Ihres Zielpublikums ein, nutzen Sie verschiedene Kanäle, um gehört zu werden. Auf Ihren Internetseiten gilt dasselbe: Je weniger Worte Sie auf jeder Seite unterbringen, desto mehr Leser wird sie haben. Dehnen Sie einen kurzen Text über mehrere Seiten aus, statt wenige Seiten mit einer Flut von Informationen zu überladen. Und schließlich sollte auch Ihr Marketingplan möglichst kurz sein.

Je mehr Sie über Online-Marketing lernen, desto stärker können Sie die Investitionen in Ihre Marketingaktivitäten reduzieren, weil Sie in der Lage sind, mit weniger, dafür aber sorgfältiger ausgewählten Kunden zu kommunizieren, Ihren Kunden einen besseren Service zu bieten und außerdem die vielen Möglichkeiten zum kostenlosen Marketing zu nutzen – E-Mails, Usergroups, Chatrooms, Kleinanzeigenseiten, Gelegenheiten, Artikel zu verfassen oder Netzkonferenzen zu veranstalten.

Wenn es um Wirtschaftlichkeit geht, müssen Sie die Tatsache beherzigen, dass *Marketing eine konservative Investition* ist. Es ist konservativ, weil es Ihre Gewinne nicht unverzüglich verdoppeln wird, selbst wenn Sie mit Sachverstand agieren. Es ist eine Investition, weil sich erst nach Ablauf einer gewissen Zeit – und nicht gleich zu Beginn – Ergebnisse einstellen. Natürlich wirkt sich diese Tatsache nachteilig auf neu gegründete Unternehmen aus, die keine dicke Kapitaldecke haben. Für sie ist Marketing dann am teuersten, wenn es am wichtigsten ist – zu Beginn. Dennoch sollten Sie in dieser Zeit nicht auf professionelle Hilfe zurückgreifen. Sie müssen keinen komplexen Marketingplan entwickeln, aber Sie können es sich ebenso wenig leisten, Fehler zu machen. Wenn Sie es nicht richtig machen können, dann investieren Sie nicht. Das ist die Wirtschaftlichkeit der Guerillas.

84

Sehr effektiv können Sie im Marketing Geld sparen, indem Sie mit anderen Unternehmen oder Gruppen, die dieselben Zielmärkte bedienen wie Sie, Allianzen eingehen. Teilen Sie Ihre Marketingaktivitäten und -materialien mit ihnen. Guerillas nennen diesen Ansatz *Fusionen-Marketing* und schöpfen seine Möglichkeiten nachhaltig aus. Gemeinsames Marketing mit anderen Unternehmen erlaubt Ihnen, Ihre Marketingbotschaft breiter zu streuen und gleichzeitig die Gesamtkosten zu reduzieren – ein für Guerillas typisches Verhalten.

Bieten Sie an, ihrem nächsten Mailing den Flyer eines verbündeten Unternehmens beizulegen – Ihr Marketingpartner kann im Gegenzug dasselbe für Sie tun. Auf diese Weise werden Sie mehr Leute mit Ihrer Botschaft erreichen, und sie werden nicht die gesamten Kosten investieren müssen, um beispielsweise die Adressen der Empfänger zu generieren. Darüber hinaus sparen Sie Portokosten.

Guerillas gehen mit mehr als nur einem Unternehmen Marketingallianzen ein. Sie haben gelernt, dass sie gemeinsam mit Partnern, die über dieselben Standards verfügen und dieselben Märkte bedienen, eine größere Präsenz und einen höheren Bekanntheitsgrad erreichen können, ohne dafür auch nur eine Rechnung mehr bezahlen zu müssen.

Als ich mein erstes Guerilla-Marketing-Buch schrieb, hätte mich niemand verstanden, wenn ich damals über die Vorteile des Handels mit Links geschrieben hätte. Schon allein die Tatsache, dass so etwas wie der Handel mit Links möglich ist, macht das Internet zu einer Goldgrube für Guerillas, die Marketingpartnerschaften eingehen wollen. Sie finden ihre Verbündeten sowohl in ihrer unmittelbaren Nachbarschaft als auch weltweit und nutzen Links, um von einer Website auf eine andere zu verweisen.

Ein solches Angebot ist vollkommen sinnvoll, weil Homepages jede Hilfe brauchen, die sie bekommen können, damit ihnen mehr Aufmerksamkeit geschenkt wird. Sie bekommen diese Hilfe in Form eines Hyperlinks: Ihre Interessenten klicken einfach einmal mit der Maus und schon haben sie Ihre Website vor Augen – und das kostenlos. Es klingt zu schön, um wahr zu sein, und doch schwören schon jetzt unzählige Guerillas auf diese Marketingmethode.

Wenn Sie die Kunst des Guerilla-Marketings beherrschen wollen, sollten Sie auch ein wenig Zeit in die Suche nach potenziellen Marketingpartnern investieren, die ihnen helfen können, Ihr Produkt oder Ihre Dienstleistungen aggressiv zu vermarkten, ohne verschwenderisch Geld ausgeben zu müssen. Sie sollten die unterschiedlichen Kooperationsmöglichkeiten in Erwägung ziehen – Joint-Promotion, besondere Events, bei denen mehrere Unternehmen die Gastgeber sind, PR-Aktionen, das Anbringen von Schildern für die Partner, gemeinsame Mailingaktionen und das Teilen von Investitionen in Medienwerbung, zum Beispiel Anzeigen in den Printmedien oder Fernsehwerbespots.

Bald werden Sie eine Vielzahl von Verbündeten haben und in der Lage sein, immer mehr Leute zu erreichen, weil Sie sich gegenseitig mit einem ausgeprägten Sinn für Kooperation in hochwirksamen Marketingaktivitäten unterstützen. Indem Sie Talente und Wünsche miteinander kombinieren, stellen Sie Ihre Netzwerkfähigkeit auf Guerilla-Niveau unter Beweis. Die Gewinner? Sie, Ihre Verbündeten und Ihre Kunden.

85

Viele Eigentümer kleiner Unternehmen schrecken vor Investitionen in Fernsehwerbespots zurück. Sie vergleichen die Kosten für Werbespots immer noch mit den vergleichsweise lächerlichen Summen, die solche Spots gekostet haben, als sie noch Kinder waren. Sie sehen Prominente und ausgefallene Spezialeffekte in der Fernsehwerbung und wissen, dass sie sich einen solchen Glamour nie werden leisten können.

Diese übervorsichtigen Unternehmer haben noch nicht verstanden, dass *die Kosten für die Sendezeit und für die Produktion eines Werbespots nur einen Bruchteil dessen ausmachen, was Unternehmen früher dafür aufbringen mussten.* Früher standen die Sterne günstig für riesige Unternehmen mit scheinbar unerschöpflichen Bankkonten. Heute dagegen sind kleine Unternehmen im Vorteil, weil sich die Medien in winzig kleine, erschwingliche Einheiten aufsplitten – besonders im Bereich des Kabelfernsehens. Und die Kosten für TV-Produktionen sind dank der technischen Fortschritte deutlich gesunken. Auch wenn es für kleine Unternehmen nicht ratsam ist, ihren eigenen TV-Spot zu produzieren, können sie sich doch in der Gewissheit wiegen, dass ihr Kabelfernsehsender ihn produzieren kann – und es gut macht, wenn sie den Produzenten mit ihren Guerilla-Kenntnissen zur Seite stehen. Sie müssen ihnen ein perfekt getimtes Skript zur Verfügung stellen – sowohl Text als auch Bilder müssen bereits im Vorfeld feststehen. Auch der Soundtrack – mit Stimmen, Musik und Toneffekten, wenn es welche geben sollte – muss fertig gestellt sein, bevor Sie das Video drehen, damit die Filmaufnahmen auf den Ton abgestimmt gedreht werden können. Betrachten Sie die Aufnahmen dann noch einmal, damit Sie keine Überraschungen erleben. Nutzen Sie es aus, dass Ihnen die Ausrüstung, die Techniker und die Schauspieler gerade zur Verfügung stehen, und drehen Sie sofort mehrere Spots.

Die Wirksamkeit der Fernsehwerbung hängt von der Kraft des Angebotes ab, nicht von den Spezialeffekten oder von prominenten Darstellern. Ihre Stärke entsteht durch die Bemühungen derjenigen, die den Spot erdacht haben, um die Zuschauer zu motivieren, das zu wünschen, was angeboten wird. Sie versuchen die Werbung mit den Augen der Zuschauer zu sehen und sind auf Effektivität aus, nicht auf Effekte. Die Kosten für die Produktion eines solchen Fernsehspots können durchaus weniger als 2 000 Mark betragen. Sie werden vermutlich ungläubig den Kopf schütteln, wenn Sie erfahren, dass manche Unternehmen um die 1 000 000 Mark für Fernsehspots ausgeben, die nicht mehr leisten als Unterhaltung.

Wenn Sie einen Werbespot für 2 000 Mark produzieren wollen, der die 1 000 000-Mark-Vorstellung an die Wand spielt, müssen Sie Ihr Produkt oder Ihre Dienstleistung so darstellen, dass die Zuschauer fasziniert sind. Die Verbraucher suchen in einem Fernsehspot immer etwas, was für sie bestimmt sein könnte. Im Fernsehen geht es mehr um Bilder als um Worte. Die Zuschauer schenken den Werbespots nur einen geringen Teil ihrer Aufmerksamkeit und werden komplexen Ideen deshalb nicht folgen. Einfachheit gewinnt immer.

Ihrem Werbespot wird Aufmerksamkeit zuteil, wenn er lustig und außergewöhnlich ist und wunderschöne Bilder zeigt. Wenn Sie allerdings einen solchen Werbespot schaffen, kann es sein, dass die Zuschauer sich hinterher an die falschen Dinge erinnern. Das ist dann genauso, als hätten Sie all Ihren Zuschauern nichts gesagt. Immer noch besser, als würden Sie irgendetwas sagen und damit niemanden erreichen, mögen Sie einwenden. Aber Guerillas setzen immer alles daran, Inhalte zu vermitteln und ihr Publikum damit zu erreichen. Indem sie das tun, erwirtschaften sie mit jedem Pfennig, den sie in die unangefochtene Königin des Marketings, die Fernsehwerbung, investieren, bares Geld.

86

Die große Mehrheit der Inhaber kleiner Unternehmen ist fest davon überzeugt, das zu bekommen, wofür sie bezahlen. Die Guerilla-Unternehmer dagegen sind davon überzeugt, dass sie einen höheren Gegenwert erhalten, als sie bezahlen.

Guerillas sind durchaus bereit, einem Künstler einen hohen Preis für ein Kunstwerk, zum Beispiel eine einzelne Illustration, zu zahlen, die dann in einer Anzeige verwendet werden soll. Dann bekommen sie natürlich genau das, wofür sie bezahlt haben. Anschließend aber können sie (nach Absprache mit dem Künstler) dieselbe Illustration für einen Prospekt, ein Rundschreiben oder ein Schild verwenden. Sie nutzen sie auf einem Verkaufsdisplay, auf einer Verpackung, einem Self-Mailer und in einem Werbespot im Fernsehen. Und ganz sicher wird sie zu einem wichtigen Bestandteil ihres Internetangebotes. Doch auch damit ist das Potenzial der Investition noch nicht ausgeschöpft: Guerillas nutzen eine solche Grafik über Jahre hinweg, verwenden sie als wichtigen oder auch weniger auffälligen Bestandteil unzähliger Marketingwerkzeuge und strecken die Kosten der Investition über den gesamten Zeitraum. Wenn Sie zurückblicken und sich vor Augen halten, wie viele Einsatzmöglichkeiten Sie für die Grafik gefunden haben und wie beständig der Wert dieses Kunstwerks war, dann wird Ihnen klar, dass Sie mehr bekommen als bezahlt haben. Und wenn Sie für eine hervorragende künstlerische Arbeit erst einmal etwas bezahlen, dann ist außer Ihnen niemandem klar, über welch außergewöhnlichen Geschäftssinn Sie verfügen. Erst auf den zweiten Blick offenbart sich, dass Sie ein ausgesprochener Pfennigfuchser sind.

Wenn Sie wissen, dass Sie mit vielen Marketinginvestitionen eine Extraportion an Gewinnen einfahren, können Sie dafür sorgen, dass sich Ihre Investitionen deutlich für Sie auszahlen. Bevor Sie investieren, fragen Sie sich, wie Sie die Vorteile dieser Investition maximal ausschöpfen können. Wenn Sie den Nutzen nicht erweitern können, denken Sie noch einmal darüber nach. Gibt es außer dieser noch andere Marketinginvestitionen, bei denen das wirtschaftliche Ergebnis zwei- oder dreimal so hoch wäre?

Einige Guerillas vergrößern eine einzelne Grafik oder ein Foto auf Postergröße, manche auf die Größe einer Litfasssäule oder Plakatwand. Viele verwenden die Grafiken, die für Werbeanzeigen entworfen wurden, auf Schildern, nutzen ihre Rundschreiben als Werbebriefe, setzen ihre Videodemonstrationen als Fernsehwerbung ein. Sie können ebenso gut in ein Musikstück investieren und es als Hintergrundmusik in Ihren Fernsehwerbespots oder in Ihrer Radiowerbung einsetzen, für Ihre Supermarkt-Marketingbotschaften und in ihren Video- und Audioinformationen verwenden. Indem Sie die einzelnen Komponenten Ihres Marketingarsenals auf vielfältigste Art und Weise nutzen, arbeiten Sie kontinuierlich und langfristig sehr wirtschaftlich. Sie haben verstanden, was eine Investition auszeichnet.

Ihr wichtigster Ansatz zur Wirtschaftlichkeit setzt vielleicht voraus, dass Sie nicht nur jeden Pfennig dreimal umdrehen, sondern außerdem seine Leistung messen. Indem Sie die Effektivität all Ihrer Marketinginstrumente nachhalten und verfolgen, wissen Sie, welche Sie ausrangieren müssen und welche Sie noch intensiver nutzen sollten. Und damit steht Ihnen die wirkungsvollste Marketingökonomie zur Verfügung – die, die jeden Dollar arbeiten lässt.

87

Die meisten Inhaber kleiner Unternehmen sind wirklich auf Wirtschaftlichkeit bedacht, wenden aber die falschen Methoden an, um Geld zu sparen. Wer versucht, Kosten zu sparen, indem er Schreibpapier minderer Qualität kauft, arbeitet nicht wirklich wirtschaftlich. Wenn Sie Ihre Mailings selbst verfassen, obwohl Sie kein Talent dafür haben, überzeugende Texte zu formulieren, arbeiten Sie nicht wirklich wirtschaftlich. Kosten zu senken, nur weil Sie es für erforderlich halten, ist ebenso wenig wirtschaftlich wie einen Amateur zu engagieren, obwohl dringend ein Profi gebraucht würde.

Wenn Sie vier Wochen im Monat im Rundfunk werben, ist es sinnvoll, die Werbung auf drei Wochen pro Monat zu reduzieren. Die Wirkung Ihrer Kampagne wird dadurch nicht beeinträchtigt. Wenn Sie sie allerdings auf eine Woche pro Monat reduzieren, in dem Glauben, Sie würden so noch mehr Geld sparen, dann handeln Sie nicht wirtschaftlich, weil Ihre Botschaft auf diese Weise nicht oft genug wiederholt wird, um von den Hörern verinnerlicht zu werden. Die Öffentlichkeit vergisst die Dinge, die sie über Sie wusste, sehr schnell wieder.

Guerillas versuchen niemals, Geld zu sparen, wenn das ihre Glaubwürdigkeit bedrohen würde: Eine Investition, die keinen hohen finanziellen Aufwand erfordert, sich aber auch nicht auszahlt, ist Verschwendung. Eine Anzeige für 20 Mark, die keinen Effekt zeigt, kommt Sie teurer zu stehen als eine Anzeige für 20 000 Mark, die sofort wirkt. Ein Mailing zu verschicken, ohne mit einem weiteren Brief nachzufassen, ist ebenfalls falsch: Sie machen sich selbst etwas vor, wenn Sie Ergebnisse erwarten, aber nicht in Ergebnisse investieren wollen. Sie müssen bereit sein, mit Angeboten, Schlagzeilen, Kopien, Preisen, Medien und Anzeigenformaten zu experimentieren.

Einen der gravierendsten Fehler machen Unternehmer, wenn sie am Marketing selbst sparen, besonders in dem Moment, wo das Marketing gerade beginnt, Wirkung zu zeigen. Damit riskieren sie jedoch unter Umständen, ihren gerade erst errungenen Bekanntheitsgrad wieder zu verlieren. Für Guerillas sind diese Investitionen feste Größen, die sie nicht anrühren. *Wenn Sie die Investitionen in Ihre Marketingaktivitäten stoppen, um Geld zu sparen, könnten Sie genauso gut Ihre Armbanduhr anhalten, um Zeit zu sparen.* Das Geschäft wird weitergehen, und die Kunden werden weiter kaufen, während die Unternehmer, die ihre Investitionen kürzen, den gerade erst erworbenen Schwung an ihre Konkurrenten verlieren. Eine ebenso unsinnige Sparmethode ist der Versuch, Ihr eigener Sprecher in Ihren Radio- oder Fernsehwerbespots zu sein. Vielleicht sind Sie gut genug, um Ihre Produkte überzeugend präsentieren zu können, aber das Risiko, dass Sie sich bei dem Versuch, ein paar Pfennige zu sparen, selbst ein Bein stellen, wiegt schwerer. Das ist nicht persönlich gemeint.

Es kann sinnvoll sein, die größte Anzeige in den Gelben Seiten zu schalten, wenn dies bedeutet, dass Sie auch die beste Platzierung im Branchenbuch bekommen. Dies klingt nicht gerade wirtschaftlich, aber es ist noch weniger wirtschaftlich, in eine Anzeige zu investieren, die nur wenige Leute sehen werden. Sie sollten nie die Priorität setzen, Ihre Kosten so niedrig wie möglich zu halten. Versuchen Sie stattdessen, mit Ihren Marketingaktivitäten das beste Return-on-Investment zu erzielen.

88

Wie viel Geld genau sollten Sie für Ihre Marketingaktivitäten veranschlagen? 1998 betrugen die durchschnittlichen Investitionen 4 Prozent des Bruttoumsatzes. Aber Guerillas waren noch nie daran interessiert, durchschnittlich zu sein, zumal sie wissen, dass ein durchschnittliches Unternehmen innerhalb von fünf Jahren aufgeben muss.

Guerillas legen ein Marketingbudget fest, das sich auf einen bestimmten Prozentsatz des angestrebten Bruttoumsatzes stützt und das ihnen erlaubt, eher zukunftsorientiert als an der Vergangenheit ausgerichtet zu handeln. Dann verwenden sie ihre Energien darauf, dieses Budget einzuhalten, während sie gleichzeitig daran arbeiten, es noch effektiver einzusetzen. Sie erreichen dieses Ziel, indem sie die Effektivität der eingesetzten Werkzeuge sorgfältig überwachen und nachvollziehen.

Das erlaubt ihnen beispielsweise, bestimmte Medien aus ihrem Repertoire zu streichen, wenn sie keine Gewinne produzieren. Es ermöglicht ihnen andererseits, die doppelte Summe in Medien zu investieren, die sich als besonders wirkungsvoll erwiesen haben. Sie haben verstanden, dass es erforderlich ist, ihre monatlichen Marketinginvestitionen einer ebensolchen Prüfung zu unterziehen wie ihre Mietzahlungen. Sie würden noch nicht einmal daran denken, eine Monatsmiete nicht zu bezahlen, nur weil die Verkäufe schlecht waren. Schließlich würden sie auch nicht die doppelte Miete zahlen, nur weil sie besonders viel verkauft haben.

Um Ihr Budget nicht zu überschreiten, müssen Sie ein taubes Ohr für die Anzeigenabteilungen der Medien entwickeln, die Sie mit klingenden Worten dazu drängen, in ihren Publikationen oder Sendern zu werben. Ihre Empfehlungen sind manchmal recht wertvoll. Aber Sie sind Ihrem Marketingplan verpflichtet, und deshalb sollten Sie sich nicht zu Impulskäufen verleiten lassen. Indem Sie die Erfolge der einzelnen Marketingwerkzeuge nachhalten, können Sie Möglichkeiten finden, auf einige der momentan genutzten Medien zu verzichten. Dann können sie diese durch die Medien ersetzen, die man Ihnen verkaufen will. Kaufen Sie jedoch nicht zulasten Ihres Budgets.

Nur wenige Geschäftsinhaber sind glücklich darüber, ihr Budget vergrößert oder verringert zu haben; viele Guerillas sind begeistert, weil sie ihr Budget eingehalten und ihre Gewinne ausgebaut haben. Sie haben sich auf eine Reihe von Fusion-Marketing-Programmen eingelassen, mit deren Hilfe sie mehr Kunden erreicht haben, denen sie häufiger etwas verkauft haben, ohne dass ihr Budget darunter leiden musste. In ihrem Online-Marketing verlassen sie sich auf die Drittel-Regel: Sie investieren ein Drittel ihres Online-Budgets in die Gestaltung der Website und in den Platz im Netz, ein zweites Drittel in die Werbung für das Online-Angebot und das letzte Drittel in die Pflege und Aktualisierung ihrer Seite. Wenn Sie ein Budget festlegen, mit dem Sie Ihre Marketingaktivitäten finanzieren und das die Kosten für Werbung und Direct-Response-Marketing, für die Website und kreative Leistungen abdeckt, dann sollten Sie etwa 10 Prozent dieses Budgets in die Produktion von Marketingmaterialien investieren. Daran sollten Sie nicht sparen. Planen Sie Ihre Produktionskosten ganz fest ein, wenn Sie Ihr Budget festlegen. Ihr vorrangiges Ziel ist, durch Ihr Marketing Gewinne zu erzielen. Während Sie dieses Ziel verfolgen, sollten Sie gleichzeitig Ihr Augenmerk darauf richten, Ihr Budget einzuhalten – denn das ist Ihr zweites Ziel.

89

Wenn Sie sich mit der Mediaplanung befassen, dürfen Sie Ihre Sparsamkeit ausleben. Geschäftsinhaber verdienen allerdings selten an den Sparmaßnahmen, wenn sie die Medien selbst auswählen und einkaufen. Sie wissen, dass sie die Auswahl des richtigen Mediums einem Profi überlassen sollten, und beauftragen eine Mediaagentur – ein Unternehmen, das die Preise der Medien bewertet und aushandelt und Raum und Zeit in Werbeträgern einkauft und wieder verkauft. Weil professionelle Mediaagenturen so viele Medien kaufen, verfügen sie in jedem Medium über einen starken Einfluss. Wenn Sie sie zum Beispiel beauftragen, Sendezeiten im Fernsehen für Sie einzukaufen, weil Sie 10 000 Mark in das Medium investieren wollen, dann kann eine Mediaagentur den Einfluss einer Kaufkraft von 10 Millionen Mark geltend machen. So ist es nicht verwunderlich, dass sie einen weitaus niedrigeren Preis aushandeln kann als Sie. Die Ersparnisse, die die Agentur in ihren Verhandlungen bewirkt, decken üblicherweise ihre eigenen bescheidenen Gebühren ab. Weil den Mediaagenturen ein 15-prozentiger Nachlass auf Werbezeiten in Rundfunk und Fernsehen und auf Anzeigenraum in Zeitschriften garantiert wird, behalten die meisten Werbemittler 5 Prozent ein und können Ihnen damit noch einen Preisnachlass von 10 Prozent sowie großes Fachwissen in der Medienauswahl und langjährige Verhandlungserfahrung bieten.

Wenn die Medien Zeit und Raum zum Kauf anbieten, dann ist das nichts anderes, als würde jemand Rauch verkaufen. Wenn nicht nur Sie, sondern auch andere nicht kaufen, dann werden Raum und Zeit bedeutungslos für die Medien und verschwinden einfach. Aus diesem Grund sind sie häufig bereit, die Preise für Werbende zu senken. Bezahlen Sie nie den Preis, den Sie in den Mediaunterlagen vorfinden.

Mediaagenturen können nicht nur bares Geld für Sie sparen, sie beraten Sie darüber hinaus, welche Medien Sie nutzen sollten, ob Sie es sich leisten können, vierfarbige statt einfacher Schwarz-Weiß-Anzeigen zu schalten, welche Publikationen regionale Ausgaben haben, an welchen Tagen Anzeigen am erfolgreichsten sind, welche Werbezeiten im Rundfunk und im Fernsehen am geeignetsten sind, welche Fernsehsender Sie sich schenken können, welche Sender am kooperativsten sind. Sie werden Sie warnen, dass die Kosten pro tausend Sendungen Ihrer Werbefilme nicht so wichtig sind wie die Kosten pro Kunde.

Die Welt der Medien ist für Anfänger sehr komplex und gefährlich. Betreten Sie sie auf eigene Gefahr oder lassen Sie sich von einer erfahrenen Agentur begleiten, die die Medien in- und auswendig kennt. Sie wollen doch sicher nicht die richtigen Botschaften auf richtige Weise an das falsche Publikum vermitteln. Professionelle Werbemittler können Ihnen helfen, mit Ihrem Marketing auf Kurs zu bleiben und dabei so viel Geld für Sie herausholen, dass Sie das Gefühl haben, mehr erhalten als bezahlt zu haben.

Die Mediaunterlagen sowohl der Print- als auch der elektronischen Medien scheinen aus der Welt der Fiktion zu stammen – sie sind faszinierend zu lesen, entbehren aber jeglicher Grundlage im wirklichen Leben. Guerillas rühmen sich, weniger zu bezahlen und dafür von den Medien, die sie nutzen, mehr zu bekommen.

90

Weil Guerillas üblicherweise nicht über große Marketingbudgets verfügen, setzen sie alles daran, die Resultate zu maximieren, die sie mit ihren Investitionen erzielt haben. Stellen Sie eine Verbindung zwischen Ihren Anzeigenkampagnen, Ihrer Homepage und Ihrer PR-Kampagne, Ihren Verkaufsdisplays und Messeständen her. Sie müssen einen in sich stimmigen Marketingplan haben: Jede Waffe zielt in dieselbe Richtung und vermittelt dieselbe Botschaft, sodass Synergieeffekte hervorragend ausgenutzt werden.

Fertigen Sie Kopien von Ihren Anzeigen an und verteilen Sie diese, wo immer es möglich ist, verschicken Sie sie mit Ihren Mailings und veröffentlichen Sie sie auf Ihrer Website. Schalten Sie keine Anzeigen, bevor Sie nicht wissen, dass es für Ihren Marketingplan das Beste ist. Werbeanzeigen sind nur eine seiner Komponenten.

Guerillas wissen, dass ihr Marketing umso erfolgreicher ist, je mehr ihre Mitarbeiter darüber wissen. Unterrichten Sie deshalb Ihre Mitarbeiter – von den Verkäufern bis hin zu den Angestellten, die die Telefonanrufe beantworten – über Ihre geplanten Marketingaktivitäten. Nutzen Sie Ihr gesamtes Marketingmaterial, um etwas zu verkaufen, was über den geplanten Kauf hinausgeht. Ihre Verpackung hilft Ihnen, den Umfang der Transaktion zu erhöhen, indem Sie ein besonderes Angebot unterbreiten. Das Gleiche gilt für Rechnungen, Quittungen, Direct-Response-Coupons, alles, was die Kunden sehen.

Statt Massen-Mailings sollten Sie persönliche Mailings versenden. Versuchen Sie beispielsweise, 25 persönliche Briefe pro Woche zu verschicken. Das verursacht keine immensen Kosten, wird sich aber bestimmt für Sie auszahlen. Sorgen Sie dafür, dass Ihre Kundendatenbank auf dem neuesten Stand bleibt – 10 Prozent aller Namen verschwinden pro Jahr vom Markt. Wenn ein Kunde auf eine Ihrer Marketingaktivitäten antwortet, tun Sie alles, was in Ihrer Macht steht, um einen Geschäftsabschluss zu erzielen, weil zwei Drittel der antwortenden Empfänger innerhalb eines Jahres einen Kauf tätigen werden – entweder bei Ihnen oder bei einem Ihrer Konkurrenten.

Guerillas sehen Schwierigkeiten und ungelöste Probleme voraus und stellen sich ihnen, bevor sie ihr Marketing beeinträchtigen können. Sie sind niemals von einem bestimmten Preis besessen. Das beweisen auch ihre Weigerung, ständig Sonderangebote und Niedrigpreise anzubieten, und ihre Bereitschaft, einen etwas höheren Preis zu zahlen, wenn der Wert, den sie dafür erwerben, höher ist.

Um aus einem winzigen Budget das Beste zu machen, sollten Sie in Erwägung ziehen, Ihr Marketing an eine kleinere Zielgruppe zu richten, so wie die Bank, die nur das wohlhabendste halbe Prozent der Bevölkerung umwarb. 90 Prozent der Kunden werden mit großer Wahrscheinlichkeit darauf antworten, auch wenn es bedeutet, dass sie höhere Preise zahlen müssen.

Guerillas kennen die Doppelregel: Sie werden wahrscheinlich das Doppelte der veranschlagten Kosten ausgeben müssen, um online wettbewerbsfähig zu bleiben, während der technische Fortschritt nicht aufzuhalten ist. Was können Sie angesichts dieser schrecklichen Tatsache tun? Planen Sie sie ein und bleiben Sie wettbewerbsfähig.

Kapitel Elf

Die Kreativität

91

Guerilla-Marketing muss kreativ gestaltet werden, damit es Ihre Träume verwirklichen kann. Zehn Faktoren müssen Sie beachten. Neun reichen nicht aus. Der weitsichtige Inhaber eines kleinen Unternehmens sucht die Zukunft nach diesen Komponenten ab, bevor er in der Gegenwart mit dem Angriff beginnt.

- Als Erstes müssen Sie ein Ziel ins Auge fassen – und eine klare Vision vor Augen haben, was Sie in drei Jahren erreicht haben wollen, was in fünf, was in zehn Jahren. Dieses Ziel muss kristallklar sein. Sie müssen es bis ins kleinste Detail vor sich sehen. Je deutlicher der Plan ist, den Sie vor Augen haben, desto besser sind Sie darauf vorbereitet, den richtigen Weg zu gehen.
- Zweitens muss ein Guerilla einen Plan entwerfen, der aus sieben Sätzen besteht. Seine Struktur wird in Kapitel 2 erklärt. Bis hierher ist der Angriff ein simples Unterfangen – Sie legen ein Ziel fest und entwerfen einen Plan, um dieses zu erreichen.
- Die dritte Komponente ist die Festlegung auf eine Führungskraft. Das kann die Person sein, die das Ziel festgelegt und den Plan ausgearbeitet hat, aber es kann auch jeder andere sein, den Sie für qualifiziert genug halten, um die Expedition an ihr Ziel zu bringen.
- Die vierte Komponente, mit der der Angriff vom Papier in die Wirklichkeit umgesetzt wird, ist die Zeitvorgabe, ein bestimmtes Datum, an dem die erste Waffe eingesetzt werden soll. Nehmen Sie ein realistisches Datum, damit Sie nicht von einer Position weit hinter der Startlinie aus beginnen und doppelt so schnell rennen müssen, um ihren Zeitplan einzuhalten.

- Die fünfte Komponente ist das Arsenal, in dem die Waffen lagern, die Sie als ideal ansehen, um Ihr Zielpublikum auf möglichst effektive Weise zu erreichen. Jede Waffe sollte Sie näher an Ihr Ziel bringen.
- Die sechste Komponente ist die Fähigkeit, mit dem Geschäftssinn eines Guerillas zu agieren. Da Sie dieses Buch lesen, verfügen Sie offensichtlich bereits darüber.
- Auch bei der siebten Komponente handelt es sich um Wissen, in diesem Fall dank Ihrer eigenen Recherche – nämlich um Wissen über Ihre Konkurrenz und Ihre Zielgruppe.
- Das scheint schon genug zu sein, um zu beginnen, aber noch sind Sie nicht am Start. Die achte Komponente ist ein System, das Sie kontinuierlich über Ihren Angriff informiert, um Aufschluss darüber zu geben, welche Waffen sich auszahlen und welche eher überflüssig sind. Planen Sie ein solches System von Beginn an ein, oder Sie werden von Beginn an Geld verschwenden.
- Die neunte Komponente ist Stärke. Probleme werden auftauchen, vor Ihren Augen werden sich unvorhergesehene Dinge ereignen, der Zufall wird sich von seiner schlechtesten Seite zeigen und sowohl Ihre Technologie als auch Ihre Psyche untergraben, Wettbewerber werden Ihnen übel mitspielen, und hinter jeder Ecke werden Frust und Enttäuschung lauern. Ihnen können diese Probleme nichts anhaben, weil Sie so weitsichtig sind, sie zu erwarten, und weil Sie über die innere Kraft verfügen, sie zu bewältigen.
- Die zehnte Komponente markiert den Beginn Ihres Angriffs – sie besteht darin, genau zu wissen, welchen Schritt Sie als Nächstes tun müssen. Und deshalb beleuchtet die nächste Regel diesen Schritt, zusammen mit den Schritten, die dann folgen.

92

Um ein kreatives Guerilla-Marketing zu realisieren, müssen Sie alle Komponenten zusammenfügen, die erforderlich sind, um den Jackpot zu knacken. Sie müssen zur rechten Zeit die rechten Dinge tun und dürfen sich niemals auf ein Terrain begeben, das noch nicht ausgekundschaftet ist. Wenn Sie die Kunst des Guerilla-Marketing erlernen wollen, müssen Sie genau wissen, wer Ihre idealen Kunden sein werden und was Ihre Konkurrenz leistet, um diese Kunden für sich zu gewinnen. Sie müssen die besonderen Gründe kennen, warum Ihre potenziellen Kunden Ihr Unternehmen attraktiv finden sollen – all dies sind wesentliche Informationen, die Sie sammeln müssen, bevor Sie Ihre Marketingstrategie entwerfen.

Der erste Schritt Ihres Angriffs ist der Wissenserwerb – eine geldwerte Erkenntnis. Durch intensive Recherchen müssen Sie sich über die Märkte informieren, die Sie bedienen können, und herausfinden, welche Werbemethoden dort am geeignetsten sind; dann können Sie die besten Strategien entwickeln, um die Kunden dort zu beeinflussen. Kein Angriff hat Erfolg, wenn Sie Details, die Ihre potenziellen Kunden und Ihre Konkurrenten betreffen, nachlässig behandeln.

Erst wenn Sie diesen ersten Schritt bewältigt haben, können Sie sich um die zweite Phase bemühen – und beschreiben, welche Vorteile es mit sich bringt, mit Ihnen Geschäfte zu tätigen, mit welchen Wettbewerbsvorteilen Ihr Unternehmen für Ihre Kunden zum Magneten werden will, mit welchen Dienstleistungen Sie sich von anderen abheben wollen, welche Details Kennzeichen Ihrer herausragenden Qualitäten sind. Im dritten Schritt wahlen Sie die Marketingwaffen aus, die Sie nutzen werden, um Ihren Angriff wirkungsvoll und wirtschaftlich zu gestalten.

Ihre Recherche wird Ihnen darüber Aufschluss gegeben haben, welche Waffen am angemessensten sind, um Ihren Zielmarkt zu erreichen.

Nun ist es Zeit für den vierten Schritt – in dem Sie Ihren aus sieben Sätzen bestehenden Guerilla-Marketingplan erarbeiten. Jetzt wissen Sie, was Sie in diesen Sätzen sagen werden. Im fünften Schritt entwickeln Sie einen Zeitplan, der Ihnen die Waffen und ihren Einsatz vorgibt, der die Medien beinhaltet, die Sie nutzen werden, und Aussage darüber gibt, wie hoch die monatlichen Kosten sind. Dieser Zeitplan ist ein Versprechen an sich selbst. Der sechste Schritt besteht darin, Ihre Marketingpartner auszuspüren und sie zur Zusammenarbeit zu bewegen. Sie werden viele Partner finden, die sich mit Begeisterung an Ihren Guerilla-Strategien beteiligen.

Im siebten Schritt beginnen Sie zu handeln – Sie feuern Ihre Waffen direkt auf Ihr Zielpublikum ab. Das ist der Angriffsbeginn – Waffe für Waffe, geordnet, aber unvorhersehbar. Der achte Schritt ist einer der schwierigsten, es ist der, an dem die meisten Geschäftsinhaber scheitern: den Angriff aufrechterhalten. Genau das zeichnet Guerilla-Marketing allerdings aus. Im neunten Schritt werden die Ergebnisse Ihrer Bemühungen untersucht, um jede einzelne Waffe dahingehend zu bewerten, ob sie aufgrund mangelnder Wirksamkeit aussortiert werden oder aber erneut zum Einsatz kommen soll, weil sie erfolgreich war.

Dieser Schritt führt selbstverständlich zur zehnten Phase, die in der ständigen Verbesserung Ihres Angriffs in jedem kleinen Detail besteht. Nur wenn Sie alle zehn Schritte in der richtigen Reihenfolge unternehmen, werden Sie die Kunst des Guerilla-Marketings wirklich beherrschen.

93

Eine Erkenntnis, die Sie verinnerlichen sollten, lautet, dass *kreatives Guerilla-Marketing niemals endet*. Es hat einen Anfang, eine Mitte, aber kein Ende, weil es ein Prozess ist. Sie verbessern es, perfektionieren es, verändern es, manchmal ruhen Sie sich auch in ihm aus. Aber Sie beenden es niemals vollständig.

Von allen Schritten, die dazu dienen, mit einer Marketingattacke Erfolg zu haben, nehmen die Schritte acht, neun und zehn die meiste Zeit in Anspruch. Sie verbringen relativ kurze Zeit damit, den Angriff vorzubereiten und einzuleiten; die Aufrechterhaltung, Überwachung und Verbesserung Ihres Angriffs aber dauert an, solange Sie im Geschäftsleben tätig sind.

Nie sollten Sie irgendetwas für selbstverständlich halten. An keinem Punkt sollten Sie selbstzufrieden werden, weil Ihr Angriff funktioniert. Vergessen Sie niemals, dass andere, listige und motivierte Konkurrenten Sie aufmerksam beobachten und ihr Möglichstes tun, um Sie in Ihren Marketinganstrengungen zu übertreffen.

Guerillas haben Erfolg, weil sie die tiefere Bedeutung der Begriffe »Kundenbasis« und »langfristige Verpflichtungen« verstehen. Das ermöglicht ihnen, ihr Marketing immer wieder neu zu gestalten – solange sie ihrer Verpflichtung ihren bestehenden Kunden und Interessenten gegenüber nachkommen. Ein Angriff, dem es an Flexibilität mangelt, droht zu scheitern. Aber diese Flexibilität darf nicht dazu führen, dass Sie Ihre Aufmerksamkeit von den Bedürfnissen Ihrer Kunden ablenken lassen.

Bleiben Sie aufmerksam gegenüber Nischen, auf die Sie Ihre Attacken richten können. Große Unternehmen verfügen nicht über den Luxus, von kleinen Nischen zu profitieren. Egal wie erfolgreich Ihr Angriff war, verlieren Sie niemals den Kontakt zu Ihren Kunden. Wenn Sie das tun, geben Sie Ihren Wettbewerbsvorteil gegenüber großen Konzernen auf, die über zu viele bürokratische Ebenen verfügen, um persönliche Kontakte zu pflegen. Guerilla-Marketing ist authentisch; es handelt und wirkt niemals unpersönlich. Es wirkt nicht so, als wolle man nur verkaufen.

Philip Kotler, der Autor des Buches *Marketing Management*, schreibt: »Authentisches Marketing ist nicht die Kunst, das zu verkaufen, was Sie herstellen, sondern vielmehr zu wissen, was Sie herstellen müssen. Es ist die Kunst, Kundenbedürfnisse zu identifizieren und zu verstehen und Lösungen zu entwerfen, die den Kunden Zufriedenheit verschaffen, den Produzenten Gewinne einbringen und den Anteilseignern Vorteile bringen. Marktinnovationen werden geschaffen, indem durch Produktinnovationen, Produktqualität und Kundenservice die Zufriedenheit der Kunden erzeugt wird. Mangelt es an einem dieser Faktoren, kann kein noch so großer Werbeaufwand, keine Verkaufsförderung, kein Verkäufertalent diesen Mangel ausgleichen.«

Ihr Angriff muss sich durch ein starkes Band mit Ihrem Zielpublikum auszeichnen. Sie kennen es. Sie bedienen es. Ihr Publikum weiß das. Guerilla-Angriffe leiden nicht unter ihrem Mangel an Ressourcen, sie sind im Gegenteil sogar erfolgreich, weil der Mangel an finanziellen Mitteln sie zwingt, neue und innovative Konzepte auszuprobieren, Konzepte, die für Guerillas geeignet sind, aber nicht für große Unternehmen.

94

Der Erfolg eines kreativen Guerilla-Marketing hängt davon ab, wie fokussiert Sie arbeiten. Guerillas wissen, dass *Präzision einen Angriff stärkt*. Sie kennen den enormen Unterschied zwischen potenziellen Kunden und Kaufinteressenten. Sie sind sich der riesigen Kluft bewusst, die ihre Kunden von den besten Kunden unterscheidet. Diese Perspektive erlaubt es ihnen, ihre Zielgruppe so weit wie möglich einzugrenzen und sich auf die aussichtsreichsten Kandidaten zu beschränken, die sie mithilfe ihrer Marketingmittel zu Kunden machen können.

Sie sind sich völlig darüber im Klaren, dass es nicht viel mehr Arbeit ist, ein Zeitschriftenabonnement zu verkaufen als einen einzelnen Artikel. Aus diesem Grunde ermutigt ihr Marketingangriff Leute dazu, Ihre Unternehmen in psychologischer Hinsicht zu unterstützen.

Sobald Sie einen Kunden haben, tun Sie alles, um die Beziehung zu ihm zu intensivieren; behandeln Sie keineswegs alle Kunden und Kaufinteressenten gleich. Nehmen Sie als Beispiel das Filialunternehmen für Herrenoberbekleidung, das über eine Datenbasis von 47 000 Namen verfügt. Mailings werden nie an mehr als 3 000 Kunden verschickt. Wer erhält diese Mailings? Der Inhaber sagt dazu: »Nur die Leute, an die es sich zu schreiben lohnt.« Wenn er Hosen in einem bestimmten Stil bekommt, informiert er darüber per Werbebrief nur diejenigen Kunden, von denen er weiß, dass sie Gefallen daran finden werden – und kann sich über einen Rücklauf von 30 Prozent freuen.

Die Kosten für sein Mailing betragen nur einen Bruchteil der Größe seiner Gewinne. Sie haben keine Chance, einen solchen

Rücklauf zu erzielen, wenn Sie Ihr Mailing nicht mit absoluter Präzision verschicken. In einer Welt, in der Portogebühren und Papierpreise gleichermaßen im Steigen begriffen sind, ist das eine Notwendigkeit. Wenn Sie nicht ins Schwarze treffen, werfen Sie Ihre Marketinginvestitionen zum Fenster hinaus.

Ihr Angriff sollte darauf abzielen zu helfen. Ihre Marketingaktivitäten müssen selektiv und verständnisvoll durchgeführt werden. Die Kategorien, in denen Sie denken sollten, lauten nicht »verkaufen« und »den Umgang mit Kunden pflegen«. Es geht vielmehr darum zu helfen. Das bedeutet, dass Sie sich auf Ihre aussichtsreichsten Kunden einschießen sollten und dass Sie ständig an ihrer Seite bleiben sollten, sobald Sie sie einmal als solche erkannt haben. Werden Sie drei Anläufe benötigen, um sie zu überzeugen? Oder werden Sie drei Jahre benötigen? Beide Antworten verschaffen Ihnen schon einen Vorsprung gegenüber solchen Unternehmen, die glauben, dass sie an ihre weniger guten Kunden nur einmal schreiben müssen, und die im Gießkannenverfahren breit gefächerte, ungezielte Marketingpläne einsetzen.

Genauigkeit hat den Vorteil, dass sie Ihnen erlaubt, persönlich zu werden. Denken Sie nur an die gemeinnützige Organisation, die ihre Rücklaufquote um 668 Prozent steigern konnte, indem sie ihren größten Spendern besondere Aufmerksamkeit schenkte – und ihnen einen handgeschriebenen Briefumschlag mit einer besonderen Briefmarke und einer handgeschriebenen Notiz von 25 Wörtern schickte. Die Kosten waren wirklich gering, und das Ergebnis bewies, von welcher Bedeutung Präzision und Fokussiertheit in einem Guerilla-Marketingangriff sind.

95

Wenn Sie erst Ihren eigenen Guerilla-Marketingangriff gestartet haben und alles in trockenen Tüchern ist und nach Plan verläuft, dann müssen Sie selbst realistische Erwartungen haben. Die Hoffnung, dass etwas Unmögliches oder Unwahrscheinliches eintreten möge, kann all Ihre Anstrengungen zunichte machen und dazu führen, dass Ihr Angriff ineffektiv wird, ganz zu schweigen von der Enttäuschung, die sich einstellt.

Realistische Erwartungen haben Sie, wenn Sie sich der Tatsache stellen, dass die riesige Mehrheit der Leute nicht das Geringste über Ihr Unternehmen weiß, keine Ahnung hat, wofür Sie stehen, wie Sie ihnen helfen können und warum sie Ihnen überhaupt Aufmerksamkeit schenken sollten. Das bedeutet, dass der größte Teil Ihres Zielmarktes sich Ihnen gegenüber sehr apathisch verhält und erst etwas über Sie erfährt, wenn Sie Ihren Marketingangriff starten.

Guerillas wissen, dass selbst das beste Marketing nicht sofort Ergebnisse zeigt. Und auch wenn Sie sich bei Ihren Stammkunden beliebt machen müssen, so müssen Sie doch vor allem versuchen, die ungeheure Menge an potenziellen Kunden zu erreichen, die Ihren Service und die Qualität, die Sie bieten, noch nicht kennt. Und das geschieht nicht über Nacht.

Ein gut ausgearbeiteter Guerilla-Marketingangriff macht sich in Ihrem Cashflow unter Umständen erst drei Monate nach Beginn des Angriffs bemerkbar. Und zu diesem Zeitpunkt ist der Gewinn, den er einbringt, auch eher zu erahnen als deutlich zu erkennen. Sechs Monate nach Beginn des Angriffs sollten Sie das beruhigende

Gefühl haben, dass sich Ihre Marketingaktivitäten so für Sie auszahlen, wie Sie es sich erhofft hatten.

Ihr Marketing ist mit einem Nagel vergleichbar, den man in ein Hartholzbrett schlägt. Sie würden niemals erwarten, dass der erste Hammerschlag den Nagel in das Holz treibt. Sie würden auch nicht erwarten, dass fünf Hammerschläge ausreichen. Vielmehr sind Sie sich dessen bewusst, dass Sie den Hammer sehr häufig schwingen müssen und bei dem Loch bleiben müssen, mit dem Sie begonnen haben. Kurz nach dem Beginn Ihrer Marketingaktivitäten Veränderungen vorzunehmen wäre so, als würden Sie mit jedem Hammerschlag ein neues Loch in das Holz schlagen – tun Sie das, wird Ihr Nagel niemals das Brett durchdringen.

Wenn Sie Ihre Strategie ändern, ist das so, als suchten Sie nach einer besonders weichen Stelle im Brett. Die gibt es nicht. Erwarten Sie nicht, dass Sie sie finden. Sie können die Spitze Ihres Nagels schärfen, indem Sie eine bessere Botschaft verwenden, aber denken Sie gar nicht an weichere Stellen im Holz, sondern bleiben Sie bei dem Loch, mit dem Sie begonnen haben – verwenden Sie allenfalls einen schärferen Nagel.

Mundpropaganda kann Ihnen helfen, wenn Sie sich nicht zu sehr auf sie verlassen. Es wäre töricht zu erwarten, dass Ihre Kunden Ihnen die Schwerarbeit abnehmen. Aber Ihre Mundpropaganda wird mehr Schwung bekommen, wenn Sie durch einen andauernden Angriff dafür sorgen, dass man Sie besser sieht und wahrnimmt. Ich verlange nicht von Ihnen, dass Sie niedrigere Erwartungen an den Tag legen, ich will nur, dass Sie sie in einer realistischen Zeit erwarten.

96

Jeder Angriff benötigt einen Kommandanten, und ich schlage vor, dass Sie das Kommando über Ihr Guerilla-Marketing selbst übernehmen. Ja, ich weiß, dass ein bekennender Guerilla in der Lage wäre, die Aufgabe für Sie zu übernehmen, wo Sie doch so sehr mit den Finanzen, mit dem Verkauf, dem Management oder der Produktion beschäftigt sind, aber fest steht, dass die besten CEOs das Marketing niemals aus der Hand geben. *Das Wissen, über das ein Guerilla verfügt, manifestiert sich in seiner Teilnahme am Marketingprozess: Er muss Teil dieses Prozesses sein.* Ihre Marketingabteilung sollte klein sein. Guerillas können Aufgaben hervorragend delegieren, aber Marketing gehört nicht dazu. Wenn Sie das tun, entfernen Sie sich zu weit vom Kunden. Kundennähe aber ist für Guerillas von entscheidender Bedeutung. Sie werden niemals von Unternehmen hören, die Kunden verloren haben, weil sie ihnen zu nahe waren, aber Sie hören zahlreiche Horrorgeschichten über den Verlust von Kunden aufgrund zu geringer Kundennähe.

Je mehr persönlichen Kontakt Sie zu Kunden haben, desto weniger müssen Sie sich auf die Marktforschung verlassen, die allzu oft als Nonplusultra – und nicht, wie es sein sollte, als Richtwert, noch dazu als unpersönlicher – angesehen wird. Marktforschung wird ergänzend benötigt, aber niemals als Ersatz für das Verständnis Ihrer Kunden von Angesicht zu Angesicht.

Um den Guerilla-Marketingangriff aufrechtzuerhalten, sollten Sie persönliche Beziehungen zu Ihren besten Kunden entwickeln und dabei so viel wie eben möglich über sie lernen. Verfolgen Sie jede Empfehlung, die Sie bekommen, nutzen Sie jeden Telefonanruf, jede Website, die Sie aufrufen, für neue Kundenkontakte – aber lernen Sie gleichzeitig auch, Ihre Kunden als Individuen zu respektieren. Sie dürfen Sie nie unterschätzen. Beinahe jeder Erfolg, den ein kleines Unternehmen verbuchen kann, ist einer kleinen Gruppe von Individuen zu verdanken. Dies gilt sogar für große Unternehmen. So erfuhr zum Beispiel ein Unternehmen, das an 100 Millionen Haushalte Joghurt verkaufte, dass nur knapp 1 Million dieser Haushalte für mehr als 50 Prozent des gesamten Gewinns verantwortlich war.

Guerillas zielen mit ihrem Marketingplan nicht auf große Kundensegmente ab, sondern auf eine Kerngruppe loyaler Kunden. Sie definieren ihren Markt nicht nach demografischen Gesichtspunkten, z. B. Hausfrauen im Alter von 28 bis 42 mit zwei Kindern, sondern aufgrund von Verhaltensweisen, Gewohnheiten und Bedürfnissen, beispielsweise Hundeliebhaber, Schnäppchenjäger, Golfer oder Hobbyköche. Dann können Sie neue Produkte und Dienstleistungen entwickeln, die auf die Zielgruppe abgestimmt sind, die Sie so gut kennen. The Grateful Dead, eine der erfolgreichsten Marketingorganisationen in den Vereinigten Staaten, verkauft nicht nur Live-Unterhaltung, sondern auch CDs, Kleidung und Lebensmittel. Traditionelle Marketingansätze nahmen die Treue zu einer Produktkategorie als Grundlage und waren darauf ausgerichtet, neue Kunden zu gewinnen. Guerilla-Marketing bezieht sich auf die Loyalität gegenüber einer Kundengruppe und auf die Entwicklung neuer Angebote für diese Gruppe.

97

Guerillas wissen genau, dass 80 Prozent ihres Umsatzes mit 20 Prozent ihrer Produkte oder Dienstleistungen erwirtschaftet werden und dass 20 Prozent ihrer Kunden für 80 Prozent ihres Gewinns verantwortlich sind. Sie sind nicht nur in der Lage, die weniger produktiven 80 Prozent und die sehr effektiven 20 Prozent zu identifizieren, sie sind darüber hinaus auch in der Lage, sich dieses Wissen zunutze zu machen – einen Teil des Angebots zu streichen, einen anderen Teil zu erweitern, jedem Kunden in ihrer Mailing-Liste Aufmerksamkeit zu schenken und den favorisierten 20 Prozent gegenüber besonders aufmerksam zu sein.

Die 80-20-Regel lässt sich nur allzu deutlich auf das Marketing übertragen. Sie können nur herausfinden, welche Komponenten Ihres Marketings die effektivsten sind, wenn Sie alle Ergebnisse Ihrer Aktivitäten einschätzen. Dieser entscheidende Schritt im Marketingprozess wird als Quantifizierung bezeichnet. Innovationen und neue Werkzeuge sind wichtig, aber Sie müssen sie quantifizieren, um sicherzugehen, dass sie die gewünschten Ergebnisse erzielen.

Sobald Sie wissen, welche Marketingaktivitäten sich für Sie am meisten auszahlen, ist es Zeit für einen Prozess, der als »Orchesterbearbeitung« bezeichnet wird. Der Unternehmensberater Michael Gerber sagt: »In der Orchestrierung werden auf der Betriebsebene des Unternehmens Ermessensspielräume und Wahlfreiheit eliminiert.« Wenn Sie die besten Marketingmethoden ausgewählt haben, standardisieren Sie den Prozess so weit wie möglich. Kunden verlangen nach Konsistenz.

McDonald's verwendet in jeder Filiale die gleiche Kartoffelsorte. Jede Kartoffel wird überall in genau gleich große Stücke geschnitten und dann in jeder Filiale genau gleich lang in dem gleichen Öl und in der gleichen Fritteuse frittiert. Wenn Sie einmal das Marketing festgelegt haben, das sich für Sie am besten auszahlt, wird es mit Konsistenz noch besser funktionieren. Standardisierung wird zu Ihrem besten Freund.

Sie und Ihre Mitarbeiter dürfen nie vergessen, diese wichtige Frage zu stellen: »Wie haben Sie von uns erfahren?« Notieren Sie sich die Antworten sorgfältig, weil sie Ihnen Hinweise auf Ihre besten Marketingmethoden geben. Ihre Kunden behalten derartige Dinge im Gedächtnis, aber es ist an Ihnen, diese wichtige Frage zu stellen. Und anschließend müssen Sie sich so verhalten, wie es Ihnen die Antworten vorgeben.

Machen Sie Ihre Mitarbeiter, die Leute, die für Sie das Telefon beantworten, jeden, der mit möglichen Kunden in Kontakt kommt, darauf aufmerksam, wie wichtig es ist, sich an Ihre Marketingprinzipien zu halten. Ein niederschmetternder Anteil von 80 Prozent Ihrer Investitionen in Marketingaktivitäten wird verschwendet, und wenn Sie nicht wissen, welche 80 Prozent es sind, werden Sie schon bald in Schwierigkeiten stecken – und dann sind Sie sicher kein Guerilla.

Zwei Drittel aller Marketingausgaben werden heute in Direktmarketing wie zum Beispiel Mailingaktionen, Telefonmarketing, Webmarketing und Infowerbung investiert, weil sie *nachvollziehbar* sind. Sie ermöglichen es Ihnen, den Erfolg Ihrer Investitionen und Bemühungen nachzuhalten.

98

So wie Aristoteles uns daran erinnert, dass herausragende Qualität kein Ziel, sondern ein Prozess ist, so mahne ich, dass ein Guerilla-Marketingangriff ein Scheingefecht ist, solange er nicht vom ersten Tag an kontinuierlich verbessert wird. Sie können die Profitabilität Ihres Angriffs verbessern, weil Sie seine Wirksamkeit von Beginn an nachhalten. Guerillas wissen, dass es *viele Bereiche gibt, in denen Verbesserungen möglich sind.*

Als Erstes verbessern Sie die Qualität des Produktes oder der Dienstleistung, die sie anbieten. Sie überwachen diesen Bereich mithilfe von Kundenbefragungen kurz nach dem Verkauf. Fragebögen helfen Ihnen, Bereiche ausfindig zu machen, in denen Sie noch nicht perfekt genug arbeiten, und zeigen Ihnen auf, wo Verbesserungen notwendig sind.

Auch Ihre Medienauswahl können Sie fast immer überarbeiten und auf den neuesten Stand bringen. Alle Medien, die Sie benutzen, sollten daraufhin untersucht werden, ob sie die Ergebnisse erwirtschaften, die Sie von ihnen erwartet haben, und dann gegebenenfalls aussortiert werden. Am Jahresende sollten Sie einen Überblick haben, welche Medien erfolgreich waren und welche sich als Flop erwiesen haben. Ihre Homepage sollte als lebendiges Marketinginstrument wöchentlich überarbeitet werden, solange sie im Netz steht. Sie müssen auch die Rücklaufquoten der Kundenlisten verbessern, an die Sie Ihr Marketing richten. Schätzungsweise 60 Prozent Ihres Erfolges sind auf die richtigen Medien zurückzuführen, 30 Prozent auf das richtige Angebot und 10 Prozent auf die Kreativität, mit der es präsentiert wird.

Ihre Botschaft muss ständig verbessert werden, indem Sie die Reaktionen der Kunden auf Ihr Angebot verfolgen. Setzen Sie sich im Rahmen eines Benchmarkingprozesses einen Maßstab für Ihre Rücklaufquoten und messen Sie daran Ihre Ergebnisse. Eine Generalüberholung ist gar nicht unbedingt notwendig, in vielen Fällen reicht es schon aus, ein wenig zu frisieren. Verbessern Sie auch Ihre Profitabilität, indem Sie mit unterschiedlichen Preisen experimentieren. Es kann einen positiven Einfluss auf Ihren Gewinn haben, die Preise zu senken oder anzuheben, aber Sie werden den idealen Preis nicht kennen, solange Sie nicht Verschiedenes ausprobiert haben. Denken Sie daran, dass Sie versuchen, Ihre Gewinne zu steigern, nicht Ihre Umsätze.

Die Einstellung Ihrer Mitarbeiter kann im Laufe der Zeit verbessert werden. Bringen Sie sie auf Ihre Wellenlänge, lassen Sie sich von ihrer Leidenschaft beflügeln und teilen Sie Ihre Vision mit ihnen. Sie erreichen dies durch die Aus- und Weiterbildung Ihrer Mitarbeiter. Einige Experten glauben, dass jede Mark, die Sie in die Kommunikation mit Ihren Mitarbeitern investieren, so viel wert ist, als würden Sie für 10 Mark mit der Branche oder für 100 Mark mit Ihren Kunden reden.

Während Ihr Angriff andauert, sollten Sie kontinuierlich Ihr System verbessern, um Medien, Botschaft, Mitarbeiter, Kundenzufriedenheit messen und ermitteln zu können – Systeme, die Sie nutzen können, um Geschäftsempfehlungen, Daten oder neue Partner für gemeinsames Marketing zu finden. Guerillas verbessern ihre Kundenkontaktpflege und bemühen sich sowohl um die Gewinnung neuer Kunden als auch um eine Verbesserung der Kontakte. Wenn es zu mehr Wiederholungskäufen und Empfehlungen führt, dann funktioniert es. Wenn nicht, verbessern Sie es. Winston Churchill sagte: »Verbessern heißt verändern; perfekt sein heißt, häufig zu verändern.« Verbessern ist ebenso ein Prozess wie Marketing.

99

Zu einem kreativen Guerilla-Marketing gehört üblicherweise die Präsentation eines Angebots. Wenn Sie das Angebot unterbreiten, dann zeigt sich, wie erfolgreich ein Angriff ist. Wenn Sie etwas anderes präsentieren als ein Guerilla-Angebot, dann waren all Ihre bisherigen Marketingaktivitäten Verschwendung. Die reinste Qual. Guerillas bedienen sich bestimmter Taktiken, um sicherzustellen, dass ihr Werben in eine langjährige Ehe mündet. Wählen Sie Ihre Interessenten mit Bedacht aus, damit Ihre Ehe nicht schon während der Flitterwochen am Ende ist. Betreten Sie das Büro eines Interessenten niemals als völlig Fremder – *Sie müssen schon zarte Bande knüpfen, bevor Sie Ihren Vorschlag unterbreiten.*

Guerillas identifizieren ein Bedürfnis, das ihre Interessenten haben, und wissen, dass sie dieses Bedürfnis besser befriedigen können als irgendjemand sonst. Sie sind sich absolut sicher, dass die Interessenten, denen sie ihr Angebot unterbreiten, für ihre Produkte oder Dienstleistungen schon jetzt Verwendung haben und nicht erst irgendwann in Zukunft. Sie richten ihr Angebot direkt an die Entscheidungsträger, die in der Position sind, ihnen den Zuschlag geben zu können, ohne vorher mit Vorgesetzten Rücksprache halten zu müssen. Guerillas proben ihre Präsentation, bis sie sie in- und auswendig beherrschen. Sie legen schon weit im Voraus genau fest, was sie zeigen und sagen werden, benutzen Grafiken zur Unterstützung ihrer Präsentation und fragen am Ende nach, ob sie den Verkauf zum Abschluss bringen können.

Bereiten Sie ein Dokument vor, das Sie Ihren Kunden überreichen können, nachdem Sie Ihr Angebot präsentiert haben. In diesem Dokument werden die wichtigsten Punkte der Präsentation zusammengefasst, es ist sehr nüchtern verfasst und enthält die Fakten und Zahlen, die die eigentliche Präsentation überfrachtet hätten. Machen Sie in Ihrem Angebot deutlich, dass damit den Zielen Ihrer Kunden entsprochen wird. Tun Sie das in einem einzelnen Satz, mit dem Sie unter Beweis stellen, dass Sie diesen Zielen verpflichtet sind. Finden Sie Wege, diesen Satz im Laufe der Präsentation Ihres Angebotes mehrmals zu wiederholen. Guerillas präsentieren ihre Angebote in einer logischen Reihenfolge, sodass ein Punkt selbstverständlich auf den anderen folgt und der Zuhörer dem Angebot leicht folgen kann. Sie wissen, dass die Strukturierung ihres Angebotes beinahe so wichtig ist wie der Inhalt. Sie reden über das Unternehmen des Kunden, nicht über ihr eigenes.

Wenn Sie ein Angebot unterbreiten, müssen Sie damit erreichen, dass der Kunde Sie und Ihr Unternehmen mag und dass er von dem, was Ihr Unternehmen für ihn tun kann, absolut überzeugt ist. Weil Guerillas Kundenkontakte perfekt pflegen, schicken sie innerhalb von 24 Stunden nach der Präsentation ein kurzes Dankesschreiben an den Kunden. Es ist an die Person adressiert, die darüber entscheidet, ob Sie den Auftrag bekommen oder nicht, und Sie verfolgen damit das Ziel, das Datum für den Beginn Ihrer geschäftlichen Beziehung festzulegen. Ihre stärksten Verbündeten in einem Guerilla-Angebot sind Ihr Wissen über den Kunden, Ihr Enthusiasmus während der Präsentation und die persönliche Beziehung, die Sie bereits hergestellt haben.

100

Nun, da Sie bereit sind, Ihr Guerilla-Marketing zu starten, nehmen Sie sich einen Moment Zeit, um darüber nachzudenken, wie es in diesem Augenblick um die Wirtschaft weltweit bestellt ist. Eine Menge hat sich verändert, und Guerillas verstehen es, auf der Welle der aktuellen Veränderungen mitzuschwimmen.

Materielle Dinge spielen eine immer geringere Rolle. Die Verarbeitung von Informationen ist wesentlich kosteneffektiver und einflussreicher als die Bewegung von Gütern und Waren. Der Wert eines Unternehmens besteht heute nicht aus greifbaren Vermögenswerten, sondern aus Menschen, Ideen und wichtigen Informationen.

Entfernungen spielen keine Rolle mehr. Die Welt ist Ihr Kunde. Und Ihr Konkurrent. Früher bestimmte die Geografie die Spielregeln, aber das Internet hat das für immer verändert. Es beschert Ihnen weltweit gleichzeitig mehr geschäftliche Möglichkeiten und mehr Konkurrenten.

Zeit ist wichtiger als Geld. Das bedeutet, schnelle Antworten und die Fähigkeit, sich in Echtzeit an Ihren Markt anzupassen, haben Vorrang. Unternehmen, die gewinnen wollen, freuen sich über ständige Veränderungen und ermöglichen ihren Kunden, Zeit zu sparen.

Das Individuum ist heute wichtiger als je zuvor, und die Leute wissen das. Riesige Werte lassen sich aus cleveren Ideen und den Wirtschaftssystemen, die sie erschaffen, abschöpfen. Jede erfolgreiche Technologie geht auf einen erfindungsreichen Menschen zurück.

Das Internet kann die Akzeptanz eines Produktes oder einer Dienstleistung durch die netzwerkgestützte Mundpropaganda dramatisch beschleunigen. Kommunikation ist heute so einfach, dass der Bekanntheitsgrad eines Produkts wie eine Lawine anwächst. Es war noch nie so wichtig, der Erste zu sein.

Die Käufer haben an Macht gewonnen, die Verkäufer an Chancen. Ihr Wettbewerb ist nur einen Mausklick weit entfernt, weil die Leute begriffen haben, dass sie sich durch ihre Wahl identifizieren. Das bedeutet: Sie müssen einen unnachahmlichen Service bieten oder die Kosten senken.

Im Marketing wird zunehmend auf Medien zurückgegriffen, die One-to-one-Kommunikation ermöglichen. Informationen sind viel leichter an die Bedürfnisse der Kunden anzupassen als materielle Dinge, und deshalb nimmt der Wert der Informationen einen immer größeren Teil seines Gesamtwertes an. Ein auf die Bedürfnisse abgestimmter Service und ein entsprechendes Marketing geben den Ton an.

Jedes Produkt ist überall verfügbar. Die Kluft zwischen Wunsch und Kauf ist überwunden. Statt Erinnerungsvermögen genügt der Klick auf das »Kaufen«-Symbol. Damit werden Marketing und seine Erfüllung eins. Das Internet kennt keine Grenzen, und die Menschen können leicht ihren Impulsen nachgeben. Guerillas sind sich dieser Veränderungen bewusst, passen ihr Marketing und ihre Erwartungen entsprechend an und erkennen, dass ganz sicher weitere Veränderungen auf sie zukommen. Viele davon können genutzt werden, um einem Guerilla-Marketingangriff weitere Schubkraft zu verleihen.

Kapitel Zwölf

Ohne Action kein Guerilla-Marketing

Der Karatemeister lernt alles, was erforderlich ist, um mit seiner Hand ein Holzbrett zu durchschlagen. Er denkt nicht an das Brett, sondern daran, dass er seine Hand auf der anderen Seite des Brettes sehen will. Das Zerschlagen des Brettes ist nicht Teil seiner Vision. Das Brett ist für ihn nur eine Illusion, und die einzige Realität, die der Karatemeister akzeptieren wird, ist die Hand jenseits des zerschlagenen Brettes. Den Schwarzen Gurt hat er erlangt, weil er über theoretisches Wissen verfügt, aber er hätte es niemals geschafft, wenn er nicht auch gehandelt hätte. Die Hindernisse, die er auf seinem Weg zur Meisterschaft überwand, waren nichts als Illusionen. All die Erfolge, die er errang, waren Wirklichkeit. Als Meister ist er sich der Illusionen bewusst, konzentriert sich aber auf die Wirklichkeit. Und er weiß, dass seine Erkenntnisse über Karate und Energie, über Kraft und Konzentration ihn zu seinem Handeln befähigen. Theoretisches Wissen plus Handeln gleich Erfolg.

Die Kunst des Guerilla-Marketings ist das Handeln. Es reicht nicht aus, ein Buch zu lesen und die darin vermittelten Erkenntnisse zu begreifen. Die Beherrschung des Guerilla-Marketings setzt als wesentlichen Kern Handeln voraus. Ohne Handeln keine Meisterschaft. Ohne Handeln exisitiert nur die Illusion der Beherrschung, aber es fehlen die Ergebnisse, die Früchte dessen, was man beherrscht und worin andere nur Mittelmaß bieten.

Guerillas wissen, dass es im Leben zwei Realitäten gibt: Die eine (größere) ist die Illusion, die andere (und kleinere) die Wirklichkeit. Je besser Sie die beiden in Ihrem Leben miteinander verbinden können, desto weiser sind Sie, desto mehr sind Sie für den Erfolg prädestiniert.

Ein Schlüssel zur Meisterschaft ist es, jede Realität als das zu begreifen, was sie ist. Sich auf die Illusion zu verlassen und sie für die Wirklichkeit zu halten hieße, sich selbst zu täuschen. Diese Täuschung ist keine Illusion. Sie verfügen nun über das Wissen, das Sie benötigen, um die Kunst des Guerilla-Marketings zu beherrschen, und können damit die Illusion von der Meisterschaft Wirklichkeit werden lassen. Tun Sie es, indem Sie konkrete Handlungsschritte ergreifen.

Guerillas wissen, dass Sie die Wirklichkeit ebenso verändern können wie die Illusion. Für die meisten Menschen auf der Welt ist die Illusion die Wirklichkeit. Soll ich es wiederholen, weil es von so zentraler Bedeutung für das Verständnis ist? Weil so wenige Leute es verstehen? Wie Sie wünschen: Für die Mehrheit der Erdenbürger ist die Illusion Wirklichkeit. Ja, wirklich, für sie ist es die einzige Wirklichkeit. Aber Guerillas, die den Marketingprozess beherrschen, haben die Fähigkeit verinnerlicht, die Illusion von der Wirklichkeit zu unterscheiden, und sind in der Lage, beide zu kontrollieren. Ohne Handeln keine Kontrolle. Fragen Sie den Karatemeister.

Sowohl der Karatemeister als auch der Guerilla werden Ihnen sagen, dass Karate und Marketing in erster Linie im Kopf stattfinden. Das Guerilla-Marketing beginnt mit einer deutlichen Vorstellung vom Ende, von dem Ziel, nach dem Guerillas streben. Sie haben dieses Ziel vor Augen und lassen sich in ihrem Handeln von der Deutlichkeit leiten, mit der sie sich auf ihr Ziel konzentrieren.

Guerillas werden zwar für ihre Geduld gerühmt, aber sie warten niemals zu lang. Um es mit den Worten General George Pattons auszudrücken: »Ein guter Plan, der heute umgesetzt wird, ist besser als ein perfekter Plan, der morgen umgesetzt wird.« Perfektion ist eher eine Frage des Anspruchs als etwas, was wirklich erreicht wird – zumindest nicht für lange Zeit. Statt mit Perfektion anzufangen, sollten Sie im Laufe Ihres Angriffs Ihr Handeln perfektionieren.

Vielleicht haben Sie den Eindruck, dass Ihre Metamorphose in einen Guerilla eine ermüdende Aufgabe ist, aber das ist wirklich nicht der Fall. Guerilla-Marketing ist nicht über Nacht zu beherrschen, auch wenn die Entscheidung, zum Marketing-Guerilla zu werden, in einem kurzen Augenblick getroffen wird. Die Beherrschung des Marketingprozesses ist ein scheinbar so komplexer Prozess, dass Sie vielleicht nicht wissen, wo Sie beginnen sollen. Kapitel 11 hat Ihnen die einzelnen Schritte an die Hand gegeben, denen Sie der Reihe nach folgen müssen, aber selbst der Gedanke, diese Schritte gehen zu müssen, schreckt manchen Geschäftsinhaber ab.

Keine Sorge. Ihre Aufgabe kann problemlos in viele kleine Teile aufgegliedert werden, von denen jedes einzelne so einfach ist, dass Sie es leicht bewältigen können. Unterschätzen Sie niemals die

Kraft Ihrer intuitiven Reaktion. Die wertvollste Hilfe, um in Ihrem Guerilla-Marketing entscheidend weiterzukommen, ist Ihre Fähigkeit, die einzelnen Schritte in eine Reihenfolge zu bringen.

Sie müssen in der Lage sein zu träumen – und diesen Träumen dann Leben einzuhauchen. Henry David Thoreau sagte: »Wenn Sie Luftschlösser gebaut haben, ist Ihre Arbeit nicht zwangsläufig vergebens gewesen; sie sollten bis in den Himmel ragen. Nun ist es an Ihnen, die Fundamente zu bauen.«

Die Fundamente beginnen mit Worten. Guerillas kennen die ungeheure Macht geschriebener Worte sehr genau. Die alten Ägypter glaubten, Wörter könnten zaubern. Sie waren der Überzeugung, dass das, was aufgeschrieben wird, auch eintreten wird. Und aus diesem Grunde beginnt auch ein Guerilla-Marketingangriff, eine Guerilla-Marketingeinstellung mit einem Plan, der in Worte gefasst wird. Erfolg ist nicht etwas, was Ihnen widerfahren wird. Er wird durch Sie hindurchfließen – zu Ihren Mitarbeitern, Ihren Kunden, zu zukünftigen Generationen, bis zu dem Wissensfundus, in dem all unser heutiges geringes Wissen über wirtschaftliche Zusammenhänge zusammengefasst ist. Der Fluss beginnt, wenn Sie diese ersten Worte schreiben. Nicht viele – sieben Sätze enthalten alles, was für den Beginn ausreicht. Diese Sätze sind Ihr erster Schritt in einem endlosen Marathon. Sie werden Sie auf den richtigen Weg bringen.

Wenn Sie auf dem richtigen Weg sind, wird Ihr Marketing sich nicht mehr von dem Rest Ihres Unternehmens unterscheiden. Alles, was mit Ihrem Unternehmen zu tun hat, wird die Botschaft von Service und Qualität, von Gewissenhaftigkeit und Fürsorge vermitteln. Ihr Produkt oder Ihre Dienstleistung, Ihre Mitarbeiter und Sie selbst, Ihre Einstellung und Ihr Ruf, all das wird Teil Ihres Marketings sein – und umgekehrt. Und alles wird damit beginnen, dass Sie einige Worte auf Papier niederschreiben – oder auf dem Bildschirm.

Kann Marketing wirklich so einfach sein – einen Handlungsablauf festlegen und dann dieses Handeln auf eine beständige Basis stellen? Ja, so einfach kann Marketing sein. Es ist kein Geheimnis und kein Patentrezept. Es ist auch nicht leicht und es funktioniert nicht augenblicklich.

Viele Geschäftsinhaber realisieren, wie einfach Marketing ist, aber sie wissen nicht, wo sie anfangen sollen. Der Analyseschock bremst sie. So viele Aufgaben. Wo sollen sie anfangen? Sie wissen, was sie tun müssen, aber sie haben keinen Plan, und so sind ihre Bemühungen zu zusammenhanglos, um ein hoch gestecktes Ziel zu erreichen. Wenn sie nicht sofort Ergebnisse sehen, verlieren sie das Vertrauen, sofern sie überhaupt welches hatten.

Falls es einen richtigen Zeitpunkt gibt, um zu beginnen, dann jetzt sofort. Wenn es einen richtigen Ort gibt, dann den, an dem Sie sich gerade jetzt befinden. Sie werden niemals das Gefühl haben, dass alle Umstände perfekt sind, also können Sie genauso gut jetzt sofort anfangen.

Das Geheimnis lautet: Fangen Sie jetzt an und hören Sie niemals auf. Erinnern Sie sich, was Diana Ross sang, als sie noch Mitglied der Supremes war? Zum Thema Handeln sagte sie Folgendes: »Du kannst nicht einfach dasitzen und darauf warten, dass dir jemand einen goldenen Traum beschert; du musst schon aufstehen und zusehen, dass du ihn selbst verwirklichen kannst.« Der günstigste Zeitpunkt, um Marketingaktivitäten in die Wege zu leiten, ist gekommen, wenn Sie neue Geschäftskontakte brauchen. Die beste Quelle für neue Kunden sind alte Kunden, und der erfolgreichste Marketingplan zeichnet sich durch Qualität aus, nicht durch Quantität. Ihr bestes Marketingvehikel – und gleichzeitig das billigste – ist ein zufriedener Kunde. Und die zwei besten Wege, um Ihr Marketing zu bewerten, sind Kundenerhalt und Gewinn, und beide sind abhängig voneinander.

Betrachten Sie Ihren Marketingplan so wie Ihre Miete: Sie bezahlen und denken nicht weiter darüber nach. Marketing kann auch mit Atmen verglichen werden: Sie könnten nicht mit nur einem oder auch zwei oder drei Atemzügen existieren. Glauben Sie nicht, dass Sie auch nur einen Kunden mit nur einem, zwei oder drei Versuchen für sich gewinnen könnten. Sie atmen weiter und bleiben lebendig. Sie engagieren sich im Marketing und verbuchen weiterhin Gewinne.

Jeder Teil Ihres Erfolges hängt von einem einzigen Menschen ab. Dieser Mensch sind Sie. Sie tragen die Verantwortung. Sie sagen, wann es losgeht. Sie haben das Wissen, um genau jetzt die richtige

Entscheidung zu treffen. Um Erfolg zu haben, müssen Sie über dieses Wissen und darüber hinaus über Mut und Gewissenhaftigkeit verfügen. Wenn Sie Angst vor Fehlern haben, haben Sie schon verloren. Akzeptieren Sie einfach, dass Sie Fehler machen werden. Sie werden aus jedem einzelnen lernen.

Michael Eisner, der Präsident und Vorstandsvorsitzende von Disney, sagt: »Auf einem bestimmten Niveau tun wir bei Disney etwas sehr Einfaches. Wir setzen uns Ziele, wir streben nach Perfektion, es ist unvermeidlich, dass wir scheitern, wir versuchen, aus unseren Fehlern zu lernen, und wir hoffen, dass wir mehr Erfolge als Niederlagen werden verbuchen können.« An dieser Philosophie ist nichts Lächerliches, weil sie Fehler als Teil des Prozesses annimmt.

Es ist nicht notwendig, dass Sie schon in den ersten Spielminuten ein Ass nach dem anderen schlagen. Auch stetige Punktgewinne führen zum Sieg – nicht so aufsehenerregend, aber ebenso effektiv.

Es ist wichtig, dass Sie die Antworten auf die folgenden sieben Fragen kennen, die Louis Patler in seinem Buch *Don't Compete ... Tilt the Field* stellt:

- In welcher Branche sind Sie tätig?
- In welchen anderen Branchen sind Sie tätig?
- Wo liegen Ihre Kernkompetenzen?
- Welche wesentlichen Werte vertreten Sie?
- Welcher Konkurrent wird Ihr nächster Partner sein?
- Sind Ihre kurzfristigen und Ihre langfristigen Ziele aufeinander abgestimmt?
- Ergänzen sich die Antworten auf die obigen Fragen gegenseitig?

Die Antworten auf diese Fragen sind nicht einfach, aber es sind die Fragen, die Sie stellen und beantworten müssen, um die Gewissheit zu haben, dass Sie die richtige Richtung eingeschlagen haben und dass Sie alles haben, was Sie benötigen, um Ihr Ziel zu erreichen.

Mit dem zunehmenden Erfolg kleiner und mittelständischer Unternehmen wächst auch die Notwendigkeit, die Kunst des Guerilla-Marketings zu beherrschen. Und kleine und mittelständische

Unternehmen wachsen heute schneller als je zuvor. Je mehr Unternehmer es weltweit gibt, desto wichtiger wird Guerilla-Marketing. Während es am Ausgang des 20. Jahrhunderts einfach nur eine Marketingneuerscheinung war, ist es heute weltweit zu einer mächtigen und bewährten Kraft geworden. Es dient als Maßstab und muss angewendet werden. Manche sagen, dass es für das Überleben kleiner und mittelständischer Unternehmen unerlässlich ist. Fragen Sie einen beliebigen Inhaber eines kleinen Unternehmens – es ist wesentlich leichter, die Methoden des Guerilla-Marketings anzuwenden, als zu hoffen, sich dagegen verteidigen zu können.

Seit ich das erste Guerilla-Marketingbuch schrieb, hat sich eine Menge verändert. Und beinahe all diese Veränderungen haben zugunsten kleiner Unternehmen stattgefunden. Auch die Disziplin des Marketings selbst hat sich dramatisch verändert; sie ist interaktiver geworden und wird heute mehr von elektronischen Medien bestimmt als je zuvor. Das Gleiche gilt für die Bandbreite an Werkzeugen, die Guerillas heute zur Verfügung stehen – mächtiger denn je, und die Hälfte davon gratis. Deshalb können sich Guerillas ihr breites Lächeln leisten. Sie wissen auch, dass es viele Dinge gibt, die sich nicht verändert haben, und dass diese Dinge wichtiger sind als die, die sich verändert haben.

Ich meine damit das wichtigste Anliegen im Guerilla-Marketing, das darauf ausgerichtet ist, traditionelle Ziele wie Profit und Spaß mit unkonventionellen Methoden zu erreichen, zum Beispiel mit der Investition von Energie anstelle von Geld. Ich meine damit auch die Menschheit, die sich ebenfalls nicht so sehr verändert hat, seit ich das erste Buch schrieb (ja, seit es die ersten Menschen gibt).

Man kann nicht ignorieren, dass wir in einem neuen Jahrhundert leben. Wenn Sie in die Herzen und Köpfe Ihrer Kunden blicken, werden Sie sehen, dass sich auch dort sehr wenig verändert hat. Natürlich gibt es ein wachsendes Bewusstsein für die Kostbarkeit und Vergänglichkeit der Zeit, vielleicht sogar ein wenig mehr Menschlichkeit, die – in erster Linie – durch technische Fortschritte möglich wurde.

Die Marketingwelt hat sich verändert, weil sie eher kleiner als größer geworden ist. Und wieder war es die Technologie, die diesen

Verkleinerungsprozess ermöglicht hat, und zwar nicht durch die Erfindung des Flugzeugs, sondern durch die Entwicklung des Internets. Auch Marketing ist um ein Vielfaches mehr von der Technologie bestimmt. Aber das bedeutet nicht, dass Sie technisch versiert sein müssen – schließlich ist Ihnen die Technik schon ein gutes Stück entgegengekommen, weil sie viel leichter zu bedienen, ja sogar leichter zu bezahlen ist.

Guerillas freuen sich über Veränderungen genauso wie über den Status quo. Sie haben ein Gespür dafür, was sich ändern muss und was sich niemals ändern darf. Sie kennen sehr wohl den Unterschied zwischen Veränderung und Verbesserung.

Guerilla-Marketing war ursprünglich nur ein Buch, aus dem eine ganze Bibliothek von achtzehn Büchern, eine CD-ROM, eine Vielzahl von Video- und Audiokassetten, ein Magazin, eine wertvolle Website (*www.gmarketing.com*) und eine internationale Kolumne für Zeitungen, Zeitschriften und das Internet geworden ist, nicht zu vergessen die Präsentationen und Vorträge in so vielen Ländern, dass es ein Leichtes wäre, eine Konkurrenzorganisation der Vereinten Nationen mit dem Namen Vereinte Guerillanationen zu gründen.

Aber das wäre nicht im Sinne der Guerillas, die sich rühmen, schlank, flexibel und leichtfüßig zu sein. Denn es würde nach mehr Größe verlangen, die wiederum dem Bemühen der Guerillas nach Herzlichkeit und Nähe im Wege stünde. Und es wäre etwas, was man erwartet in einer Welt, in der Guerillas sich bemühen, Unerwartetes zu tun.

Der Bedarf an Guerilla-Marketing lässt sich an drei Tatsachen ablesen:

- Weil große Konzerne Downsizing-Maßnahmen ergreifen, nach Dezentralisierung und Befreiung von staatlicher Regulierungspolitik streben, sich um erschwingliche Technologien bemühen und eine Bewusstseinsrevolution fördern, ziehen kleine und mittelständische Unternehmen in aller Welt Menschen in Rekordzahlen an.
- Auch die Zahlen der gescheiterten kleinen und mittelständischen Unternehmen sind rekordverdächtig, und einer der Haupt-

gründe für die vielen Pleiten ist das mangelnde Verständnis für Marketing.
- Guerilla-Marketing hat sich in der Praxis für kleine und mittelständische Unternehmen weltweit bewährt. Es funktioniert, weil es einfach zu verstehen, leicht umzusetzen und außerordentlich günstig ist.

Guerilla-Marketing wird gebraucht, weil es kleinen Unternehmen einen schmackhaften unfairen Vorteil verschafft: Sicherheit in einer unsicheren Welt, Wirtschaftlichkeit in einer Hochpreis-Welt, Einfachheit in einer komplizierten Welt, Marketingbewusstsein in einer ahnungslosen Welt.

Wird Marketing im 21. Jahrhundert tatsächlich so anders sein? Die Antwort lautet: jein. Zwar wird es Kern aller Marketingaktivitäten bleiben, den richtigen Leuten ein gutes Angebot zu machen. Die Mittel und Wege, um dieses Angebot zu unterbreiten, haben sich jedoch deutlich verändert, seit das Internet beginnt, auf eigenen Füßen zu stehen – und sich in jede Richtung weiterzuentwickeln, die Sie als Guerilla für wünschenswert halten. Und die Leute, für die die Angebote erstellt werden, sind heute weitaus aufgeklärter und gebildeter als jemals zuvor. Wenn es irgendetwas gibt, das ein Guerilla schätzt, dann ist es ein gut informierter Kunde.

Guerilla-Marketing ist heute ebenso wichtig wie ein Antiblockiersystem in einem Auto, das schneller fährt und sich auf kurvenreicheren Straßen bewegt als jemals zuvor. Das macht Ihnen Angst? Wenn Sie ein Guerilla sind, dann vertrauen Sie nicht nur Ihrem ABS, sondern haben zusätzlich Flügel und kennen das Gelände. Und dann müssen Sie keine Angst mehr haben.

Dieses Buch hat sozusagen eine Marketinglandkarte vor Ihnen ausgebreitet. Es hat Ihnen auch ein Fahrzeug an die Hand gegeben, mit dem Sie sich im Gelände sicher und elegant bewegen können, und Ihnen das Wissen vermittelt, um es zu beherrschen. Vor allem aber gibt uns dieses Buch die Antwort auf eine wichtige Frage.

Ich höre die Frage oft, wenn ich ein Guerilla-Marketing-Seminar gegeben habe. Ich höre die Frage, wenn ich Gastgeber einer Online-Konferenz zum Thema Guerilla-Marketing war. Ich höre die Frage, wenn ich eine Marketingberatung bei einem Klienten abgeschlossen habe.

Sie lautet: »Steht all das, was Sie über Guerilla-Marketing erzählt haben, in einem einzigen Buch?«

Die Antwort ist: »Jetzt ja.«

Und weil das der Fall ist, beherrschen Sie nun die Kunst des Guerilla-Marketings. Sie verfügen nun über das notwendige Wissen und können seine Taktiken verwenden, um Gewinne zu machen, die Ihre ehrgeizigsten Ziele übertreffen.

Wenn Sie die Kunst des Guerilla-Marketings beherrschen, dann nutzen Sie es weise. Wenden Sie die Kunst aggressiv an.